주 택 법

정 태 용 저

세창출판사

| 머 리 말 |

1945년 당시의 주택은 난방시설이나 위생시설이 제대로 갖추어지지 않은 열악한 수준이었는데, 이러한 주택마저 6·25전쟁으로 인해 많이 파괴되어 주택의 공급이 정부의 중요한 정책과제가 되었다. 더구나 1960년대부터 경제의 압축성장이 이루어져 도시화가 급속하게 진행됨에 따라 도시의 주택부족은 심각한 사회문제로 되었다. 그 후로 주택문제가 우리사회의 현안문제가 아닌 적이 없었다.

1972년 주택에 대한 투자를 촉진하기 위해 「주택건설촉진법」이 제정되었는데, 이후 이 법은 20여회의 개정을 거쳐 지금의 「주택법」이 되었다. 이와 같이 법률이 제정·시행된 후 30년이 지났고, 그 동안 주택문제가 세간의 주요한 관심사로 되어 왔음에도 불구하고 아직까지 「주택법」의 내용을 체계적으로 정리해 놓은 서적이 없다. 아쉽기 짝이 없는 일이다.

「주택법」은 조문수가 121개에 달하고, 하위법령이 대통령령 2건과 부령 4건으로 이루어져 있는 큰 법이다. 또한 내용도 주택의 건설은 물론 주택의 공급과 관리에 대해서까지 걸쳐져 있으므로 이를 빠짐없이 설명하자면 매우 많은 지면이 필요하게 된다. 이 책에서는 주택법령 중 너무 세부적이거나 기술적인 사항은 과감히 생략하고 기본적인 사항을 중심으로 기술하였다. 관련 판례를 거의 빠짐없이 수집해서 필요하다고 여겨지는 곳에서 소개했다.

나름대로 정성을 기울였지만 아직도 부족한 점이 많을 것으로 생각한다. 아무튼 이 책이 「주택법」을 체계적으로 이해하는 데에 도움이 될 수 있기를 바란다.

2007. 9.

정 태 용

| 차 례 |

제1장 총 설

제2장 주택의 건설

제3장 주택의 공급

제4장 공동주택의 관리

제5장 주택거래신고제

| 일러두기 |

1. (법 §○) · (영 §○) · (칙 §○5)의 "법"은 「주택법」을, "영"은 「주택법 시행령」을, "칙"은 「주택법 시행규칙」을 가리킨다.

2. (주택건설기준규정 §○) · (주택건설기준규칙 §○) · (주택공급규칙 §○) · (분양가산정규칙 §○)의 "주택건설기준규정"은 「주택건설기준 등에 관한 규정」을, "주택건설기준규칙"은 「주택건설기준 등에 관한 규칙」을, "주택공급규칙"은 「주택공급에 관한 규칙」을, "분양가산정규칙"은 「공동주택 분양가격의 산정 등에 관한 규칙」을 가리킨다.

제1장 총 설

제1절 「주택법」의 제정목적

주거는 인간의 가장 기본적인 행위의 하나이며, 주택은 안정적인 주거를 보장하는 공간이다. 주택은 사람에게 없어서는 안 될 생활공간이자 휴식공간이며, 개인이 가족·이웃, 나아가 지역사회와 관계를 맺게 하는 사회활동의 기반이 되는 공간이다. 주택은 최소한의 인간다운 생활을 유지하기 위한 요건이 된다. 따라서 주택은 사람에게 안전하고 쾌적한 환경을 제공하는 공간이 돼야 하며, 합당한 수준의 주택이 모든 사람에게 공급돼야 한다. 이러한 과제는 개인의 능력이나 노력만으로는 해결하기 어려운 과제이므로 국가의 적극적인 주택정책이 필요하게 된다. 「헌법」 제35조 제3항에서 "국가는 주택개발정책 등을 통해 모든 국민이 쾌적한 주거생활을 할 수 있도록 노력해야 한다"고 규정하고 있는 것도 이러한 취지라 할 것이다.

이에 따라 「주택법」은 주택의 건설·공급 및 관리의 전단계에 걸쳐 규정하고 있는데, 「주택법」은 쾌적한 주거생활에 필요한 주택의 건설·공급·관리와 이를 위한 자금의 조달·운용 등에 관한 사항을 정함으로써 국민의 주거안정과 주거수준의 향상에 이바지함을 목적으로 한다(법 §1).

제2절 「주택법」의 연혁

1. 「주택건설촉진법」 제정 이전

1956년 이전에는 난민들에게 건축자재구입용 재정자금을 지원하거나 주로 구호성을 띤 임시수용소나 간이주택을 건축하다가 1957년 이후에야 비로소 주택자금융자에 의한 주택사업을 추진했다.

1963. 11. 30. 지방자치단체와 대한주택공사가 공영주택을 건설하는 것을 지원하기 위해 「공영주택법」이 제정되었다. 지방자치단체와 대한주택공사가 공영주택을 건설하는 때에는 사업계획인가를 받도록 하고, 정부는 지방자치단체와 대한주택공사에 장기저리로 주택건설자금을 대부할 수 있게 했다.

1971. 1. 19. 「도시계획법」이 전부개정될 때에 도시계획사업에 "일단의 주택지조성사업"이 추가되었으나, "일단의 주택지조성사업"은 별로 시행되지 못하고 여전히 토지구획정리사업에 의해 택지의 효용가치를 높이고 공공시설을 정비했다.

2. 「주택건설촉진법」의 제정 및 개정

주택에 대한 투자를 확대해서 주택건설을 촉진하기 위해 1972. 12. 30. 「공영주택법」을 폐지하고 「주택건설촉진법」을 제정했다. 국민주택이나 민영주택을 건설하고자 하는 때에는 사업계획승인을 받도록 했는데, 정부가 민간이 건설하는 주택에 대해서도 주택의 건설은 물론 입주자선정과 공동주택의 관리방법까지 규제하는 계기가 되었다. 이때의 주된 정책과제는 서민의 주거안정을 위해 많은 양의 주택을 신속하게 건설·공급하는 것이었다.

1975. 12. 31. 대지조성사업을 하고자 하는 때에도 사업계획 승인을 받도록 하고, 1977. 12. 31.에는 주택건설사업자 등록제와 아파트지구개발제도를 도입했다.

1978. 12. 5. 국가·지방자치단체 및 대한주택공사가 건설한 임대주택의 전대를 제한했다가, 1981. 4. 7.에는 아예 임대 여부와 관계없이 국민주택의 전매를 제한했다.

1980. 12. 31. 도시지역의 시급한 주택난을 해소하기 위해 「택지개발촉진법」을 제정해서 주택건설에 필요한 택지의 취득·개발·공급·관리 등에 관한 특례를 규정했다. 토지구획정리사업이나 민간의 주택건설사업에 의해 토지소유자나 민간건설사업자가 개발이익을 독점하는 폐해를 없애기 위해 공공사업자가 토지를 전면매수 또는 수용해서 택지를 개발하는 방식을 채택했는데, 이는 소위 공영개발(公營開發)로 불리고 있다. 그리고 1984. 12. 31.에는 장기임대주택제도를 정착시키고 장기임대주택의 건설을 촉진시키기 위한 「임대주택건설촉진법」이 제정되었다.

1992. 12. 8. 전매제한의 대상을 모든 주택으로 확대하고, 주택공급질서교란행위를 구체화해서 입주자저축증서·주택조합원명의 등을 양도하거나 양도를 알선한 자에 대해서는 주택공급을 신청할 수 없도록 하거나 주택공급계약을 취소할 수 있도록 했다.

1994. 1. 7. 사업계획승인의 전단계로서 사전결정제도를 도입하고, 공동주택의 주요구조부에 대한 하자보수책임기간을 3년에서 10년으로 연장했다.

성수대교(1994. 10. 21.)와 삼풍백화점(1995. 6. 29.) 붕괴사고가 발생함에 따라 부실공사에 대한 제재가 대폭 강화됐는데, 1995. 12. 30. 공동주택의 설계·시공이나 감리를 부실하게 해서 사상자가 발생한 경우에는 중형을 가하도록 했다.

1997. 12. 13. 노후·불량주택에 대한 획기적인 주거환경개선과 불량시가지의 재정비를 위해 재건축사업의 공공성을 확보하고

무분별한 재건축을 방지하기 위한 방안을 마련했고, 1999. 2. 8. 주택건설대지에 대해서는 제한물권이나 압류·가압류·가처분 등의 대상이 될 수 없음을 부기등기하도록 하고, 규제완화차원에서 사전결정제도와 전매제한제도를 폐지했다.

2002. 8. 26. 투기과열지구제도를 신설하고, 투기과열지구 안의 주택은 전매를 제한하고, 투기과열지구 안에서 주상복합건축물 등을 분양하는 때에도 주택분양절차를 따르도록 했다.

2002. 12. 30. 「도시 및 주거환경 정비법」이 제정되면서 「주택건설촉진법」의 재건축에 관한 부분이 「도시 및 주거환경 정비법」에 규정되었다.

2003. 5. 29. 「주택건설촉진법」을 전부개정하면서 법률의 명칭을 「주택법」으로 변경하고, 공동주택 리모델링의 기준·절차 등을 정하고, 「공동주택관리령」에 규정되어 있던 사항을 「주택건설촉진법」에 직접 규정했다.

3. 「주택법」의 개정

2003. 7. 25. 최저주거기준을 설정·공고하도록 하고, 2004. 1. 29. 주상복합건축물도 일반 주택과 같은 분양 및 공급제도를 적용받도록 해서 주상복합건축물에 대한 투기적 수요를 억제하고, 주택거래신고구역을 지정해서 주택의 거래내역을 신고하도록 했다.

분양가 자율화 이후 분양가가 상승해서 부동산 투기가 과열됨에 따라 2005. 1. 8. 공공택지에서 건설되는 85㎡ 이하의 주택에 대해 분양가상한을 규제함과 동시에 전매를 제한하고, 85㎡를 초과하는 공동주택을 건설하기 위해 공공택지를 공급받는 자는 국민주택채권을 매입하도록 하고, 주택성능등급제를 도입했다.

2005. 5. 26. 공동주택의 하자담보책임기간을 내력구조부별

및 시설공사별로 10년 이내의 범위에서 합리적으로 정하도록 하고, 하자담보책임기간에 발생한 하자의 책임범위에 대해 사업주체·설계자 또는 감리자 사이에 분쟁이 발생하는 경우에는 건축분쟁조정위원회에서 조정하도록 했다.

2005. 7. 13. 안전진단 결과 건축물의 구조안전에 위험이 있다고 평가되어 재건축결정을 받은 공동주택은 증축을 하는 리모델링을 허가할 수 없도록 하고, 증축을 포함하는 공동주택 리모델링을 일정 범위 안에서만 허용하고, 지방자치단체는 사업계획에 그 사업과 직접 관련이 없는 간선시설의 설치에 관한 계획을 포함하도록 요구하지 못하게 했다.

2005. 12. 23. 분양가상한제 적용대상을 공공택지에서 공급되는 주거전용면적 85㎡를 초과하는 주택 등으로 확대하고, 분양가상한제 적용주택에 대해서는 택지비 및 택지매입원가를 공시하도록 했다.

2007. 1. 11. 지구단위계획의 결정이 필요한 주택건설사업에 대한 사업계획승인을 받기 위한 대지확보의무비율을 90% 이상에서 80% 이상으로 완화하고, 소위 “알박기”를 막기 위한 사업주체의 매도청구대상에서 제외되는 토지의 범위를 “3년 이전부터 계속 소유하고 있는 토지”에서 “10년 이전부터 계속 소유하고 있는 토지”로 축소했다.

2007. 4. 20. 공공택지가 아닌 택지에서 건설·공급하는 주택에도 분양가상한제를 적용하도록 하고, 분양가상한제가 적용되는 주택의 기본형건축비를 시장·군수 또는 자치구청장이 고시할 수 있도록 하고, 토지임대부 분양주택 및 환매조건부 분양주택을 공급할 수 있도록 했다.

제3절 「주택법」의 내용과 체계

1. 「주택법」의 내용

「주택법」은 다음과 같이 11장 121조 및 부칙으로 구성되어 있다.

1) 제1장 총칙(§1～§6): 목적, 정의, 국가 및 지방자치단체의 의무, 최저주거기준
2) 제2장 주택종합계획의 수립 등(§7～§8)
3) 제3장 주택의 건설 등(§9～§37): 주택건설사업 등록, 주택조합, 사업계획승인, 매도청구, 주택건설기준, 주택성능등급의 표시, 주택의 설계·시공 및 감리, 간선시설의 설치, 토지 등의 수용, 사용검사, 공공시설의 귀속, 공업화주택
4) 제4장 주택의 공급(§38～§41): 분양가격제한, 견본주택, 토지임대부 분양주택, 환매조건부 분양주택, 공급질서교란 금지, 저당권설정제한, 투기과열지구의 지정, 주택전매제한, 주택공영개발지구의 지정
5) 제5장 주택의 관리(§42～§59): 관리주체, 공동주택관리규약, 관리비, 하자보수, 장기수선계획, 공동주택 리모델링, 안전관리, 장기수선충당금, 공동주택관리분쟁조정위원회, 주택관리업, 주택관리사
6) 제6장 주택자금(§69～§80): 국민주택기금, 국민주택채권, 주택상환사채, 국민주택사업특별회계, 입주자저축, 주택보증
7) 제7장 주택의 거래(§80의2～§80의3): 주택거래신고지역의 지정 및 해제, 주택거래의 신고
8) 제8장 협회(§81～§83): 협회의 설립, 공제사업
9) 제9장 주택정책심의위원회(§84～§85)
10) 제10장 보칙(§86～§93): 주택정책관련 자료의 종합관리, 권한

의 위임·위탁, 등록증 대여금지, 보고·검사, 지도·감독, 청문

11) 제11장 벌칙(§94～§102): 벌칙, 양벌규정, 과태료, 벌칙 적용에서의 공무원 의제

12) 부칙

이와 같이 1972년부터 주택의 건설·공급 및 관리의 전단계에 걸쳐 광범위하게 규제해 왔는데, 2003년 주택거래신고제가 도입되어 규제범위가 더욱 확대되었다.

2. 「주택법」의 하위법령

「주택법」의 하위법령은 다음과 같다. 법률의 하위법령은 시행령과 시행규칙으로 구성되는 것이 일반적인데, 「주택법」의 경우에는 시행령 및 시행규칙 외에 1개의 대통령령과 3개의 건설교통부령이 있다.

1) 「주택법 시행령」(대통령령), 「주택법 시행규칙」(건설교통부령)
2) 「주택건설기준 등에 관한 규정」(대통령령), 「주택건설기준 등에 관한 규칙」(건설교통부령)
3) 「주택공급에 관한 규칙」(건설교통부령), 「공동주택 분양가격의 산정 등에 관한 규칙」(건설교통부령)

그리고 위의 법령 외에도 다음과 같이 분야별로 다양한 훈령·고시 및 지침이 마련되어 있다.

1) 최저주거기준(건설교통부 고시)
2) 주택조합 등에 대한 주택규모별 공급비율에 관한 지침(건설교통부 고시), 공동주택 등을 띄어 건설하여야 하는 공장업종(건설교통부 고시), 공동주택의 소음측정기준(건설교통부 고시), 공동주택 바닥충격음 차단구조 인정 및 관리기준(건설교통부

고시)

3) 주택의 설계도서 작성기준(건설교통부 훈령),
4) 주택건설공사 감리자지정 기준(건설교통부 고시), 주택건설공사 감리자지정 기준업무 처리지침(건설교통부 지침), 주택건설공사감리용역 표준계약서(건설교통부 지침), 주택건설공사 감리업무 세부기준(건설교통부 고시)
5) 분양가 상한제 적용주택의 공동주택 건설공사비지수(건설교통부 고시), 시·군·구별 기본형건축비 산정을 위한 주요자재별 기준단가 고시(건설교통부 고시), 분양가상한제 적용주택의 기본형건축비 및 가산비용(건설교통부 고시), 분양가상한제 적용주택의 감정평가기관 1인 선정 기준(건설교통부 고시), 주택품질 향상에 따른 가산비용 기준 고시(건설교통부 고시), 공동주택 분양가격의 산정 등에 관한 시행지침(건설교통부 지침)
6) 견본주택건축기준(건설교통부 고시), 사이버견본주택 운용기준(건설교통부 고시)
7) 근로자주택 공급 및 관리규정(건설교통부 훈령), 3자녀 이상 무주택세대주에 대한 주택특별공급 운영지침(건설교통부 지침), 입주자 사전점검 운영요령(건설교통부 고시), 제2종 국민주택채권입찰제도 시행지침(건설교통부 훈령)
8) 국민주택기금 운영 및 관리규정(건설교통부 훈령), 국민주택기금 여유자금 운용지침(건설교통부 훈령)
9) 주택성능등급 인정 및 관리기준(건설교통부 고시)
10) 주택거래업무처리지침(건설교통부 고시)

3. 「주택법」과 다른 법률과의 관계

「주택법」에 의한 대지조성사업과 주택건설사업은 「국토의 계획 및 이용에 관한 법률」에 의한 도시계획사업이 아니므로 이 점에서는 「국토의 계획 및 이용에 관한 법률」을 적용받지 않는다. 그러나 공동주택단지에는 "공동주택"만 있는 것이 아니라, 도로・수차장・상가 등의 부대시설이 포함되며, 경우에 따라서는 철도・학교 등 공공시설의 용지도 포함된다. 이러한 시설이 도시계획시설에 해당하는 경우에는 「국토의 계획 및 이용에 관한 법률」에 의한 도시계획시설결정절차와 도시계획시설사업 실시계획인가 절차를 밟아야 하는데, 「주택법」에서는 「주택법」에 의한 사업계획승인을 받으면 「국토의 계획 및 이용에 관한 법률」에 의한 도시계획시설결정과 도시계획시설사업 실시계획인가가 있은 것으로 의제하고 있다. 이와 같이 「국토의 계획 및 이용에 관한 법률」에 의한 도시계획시설결정과 도시계획시설사업 실시계획인가가 의제되는 경우 그 범위 안에서는 「국토의 계획 및 이용에 관한 법률」이 적용된다.

「주택법」에 의한 사업은 ① 대지를 조성하는 사업, ② 대지를 조성해서 주택을 건설하는 사업, ③ 이미 조성된 대지에 주택을 건설하는 사업의 세 가지 유형으로 나눌 수 있다. ①과 같이 단순히 대지만 조성하는 대지조성사업의 경우에는 「건축법」과 아무런 관련이 없다. ②③과 같은 주택건설사업의 경우에는 「건축법」과 관련이 생기게 된다. 「건축법」이 개별 건축물의 건축행위를 건축기술적 측면에서 규율하고 있는 데 비해, 「주택법」은 주택의 집단적인 건설을 규율대상으로 하고 있을 뿐 아니라, 이에서 더 나아가 주택의 공급과 관리까지를 규율대상으로 하고 있다. 주택건설기준의 구체적인 내용은 「주택건설기준 등에 관한 규정」에 규정되어 있는데, 일반적으로 「주택건설기준 등에 관한 규정」에서는 「건축법」에 의한 건축기준 외에 주택의 집단건설에 필요한 기준을 추가로 정하고 있다. 따라서 「주택법」에 의해 건설되는 주택에 대해서는 「주택건설기준 등에 관한 규정」에 의한 주택건설기준과 「건축법」에 의한 건축기준이 모두 적용된다. 그러나 「주택법」에 의한 사업계획승인을 받으면 「건축법」에 의한 건축허가를 받은 것으로 의제되어 있으므로 사업계획승인절차 외에 「건축법」에 의한 건축허가절차를 따로 밟을 필요는 없다. 「주택법」에 의해 건설·공급한 주택에 대해서도 「건축법」의 건축물의 유지·관리에 관한 규정은 당연히 적용되지만, 「주택법」에서는 이에서 더 나아가 개별 주택의 관리가 아닌 집단주택단지의 관리라는 점에서 관리주체·관리방법·관리기구 등을 필요한 사항을 더 정하고 있다.

주택건설대지를 대규모로 조성하는 경우 「주택법」의 대지조성사업에 의하지 않고 「택지개발촉진법」의 택지개발사업에 의하는 경우가 적지 않다. 사업시행자가 공공사업자 위주로 되어 있어서 개발이익의 사유화를 막을 수 있고, 사업시행절차가 「주택법」의 대지조성사업에 비해 시행자에게 편리하게 되어 있기 때문이다. 「택지개발촉진법」에 의해 택지개발사업 실시계획승인을 받은 때에는 「주택법」에 의한 사업계획승인을 받은 것으로 보므로,[1] 이 범위 안에서는 「주택건설기준 등에 관한 규정」의 대지조성에 관한 기준이 적용된다. 택지개발사업에 의해 조성된 택지에 주택을 건설·공급하는 경우에는 「주택법」이 적용됨은 물론이다.

건축물의 분양에 대해서는 「건축물의 분양에 관한 법률」이 제정되어 있는데, 「주택법」에 의해 주택을 분양하는 경우에는 「건축물의 분양에 관한 법률」이 적용되지 않고 「주택법」이 적용된다.[2]

임대주택의 건설·공급 및 관리에 대해 「임대주택법」으로 정하지 않은 사항에 대해서는 「주택법」이 적용되며, 주거환경의 정비에 관해 「도시 및 주거환경 정비법」으로 정하지 않은 사항에 대

1) 「택지개발촉진법」 제11조 제1항.

2) 「건축물의 분양에 관한 법률」 제3조 제2항.

해서는 「주택법」이 적용된다(법 §6①②).

제4절 주택과 그 부대시설 및 복리시설

1. 주택의 종류

「주택법」상의 주택은 세대원이 장기간 독립된 주거생활을 영위할 수 있는 구조로 된 건축물의 전부 또는 일부와 그 부속토지를 말하며, 단독주택과 공동주택으로 구분된다(법 §2).

「건축법」에서는 단독주택을 다시 단독주택·다중주택·다가구주택 및 공관으로 세분하고 있으나,[3] 「주택법」에서는 단독주택을 더 이상 세분하고 있지 않다. 그러나 「주택법」의 입법취지가 주택을 건설해서 공급(분양 또는 임대)하는 데에 필요한 사항을 정

---

3) 「건축법」상의 단독주택은 다음의 주택을 말한다(건축법 시행령 [별표 1]).
   1. 단독주택
   2. 다중주택: 다음의 요건 모두를 갖춘 주택
      · 학생 또는 직장인 등 다수인이 장기간 거주할 수 있는 구조로 되어 있을 것
      · 독립된 주거의 형태가 아닐 것
      · 연면적이 330㎡ 이하이고 층수가 3층 이하일 것
   3. 다가구주택: 다음의 요건 모두를 갖춘 주택으로서 공동주택에 해당하지 않는 것
      · 주택으로 쓰이는 층수(지하층은 제외)가 3개층 이하일 것. 다만, 1층 바닥면적의 1/2 이상을 피로티 구조로 해서 주차장으로 사용하고 나머지 부분을 주택 외의 용도로 사용하는 경우에는 해당 층을 주택의 층수에서 제외한다.
      · 1개동의 주택으로 쓰이는 바닥면적(지하주차장 면적은 제외)의 합계가 660㎡ 이하일 것
      · 19세대 이하가 거주할 수 있을 것
   4. 공관

하는 것이므로 「주택법」상의 단독주택에서 공관은 제외된다고 보아야 할 것이다. 「주택법」상의 단독주택은 그 단위규모가 330㎡ 이하로 제한되므로 다가구주택도 「주택법」상의 단독주택에서 제외된다. 실제로 다중주택의 건설·공급이 「주택법」에 의해 행해진 적이 없으므로 특별한 경우를 제외하고는 다중주택 또한 「주택법」상의 단독주택에 포함되지 않는다 할 것이다.

「주택법」상의 공동주택은 건축물의 벽·복도·계단 그 밖의 설비 등의 전부 또는 일부를 공동으로 사용하는 각 세대가 하나의 건축물 안에서 각각 독립된 주거생활을 영위할 수 있는 구조로 된 주택을 말한다(법」 §2, 영 §2①).

「건축법」상의 공동주택은 아파트·연립주택·다세대주택 및 기숙사로 구분되는데,[4] 「주택법」상의 공동주택은 이 중 아파트·연립주택 및 다세대주택을 가리킨다(영 §2①).

2. 국민주택(國民住宅) 및 민영주택(民營住宅)

국민주택은 국민주택기금으로부터 자금을 지원받아 건설 또는 개량되는 주택을 말하며, 국민주택의 규모는 1호(戶) 또는 1세대당 85㎡ 이하로 하되, 수도권을 제외한 읍·면 지역(도시지역은 제외)에서의 국민주택의 규모는 1호(戶) 또는 1세대당 100㎡ 이하로

---

4) 「건축법」상의 공동주택은 다음의 주택을 말한다(건축법 시행령 [별표 1]).
1. 아파트: 주택으로 쓰이는 층수가 5개 층 이상인 주택
2. 연립주택: 주택으로 쓰이는 1개 동의 바닥면적(지하주차장 면적은 제외)의 합계가 660㎡를 초과하고, 층수가 4개 층 이하인 주택
3. 다세대주택: 주택으로 쓰이는 1개 동의 바닥면적(지하주차장 면적은 제외)의 합계가 660㎡ 이하이고, 층수가 4개 층 이하인 주택
4. 기숙사: 학교·공장 등의 학생·종업원 등을 위해 사용되는 것으로서 공동취사 등을 할 수 있는 구조이되, 독립된 주거의 형태를 갖추지 않은 것.

한다. 이를 "국민주택규모"라 하는데, 국민주택규모는 주거의 용도로만 쓰이는 면적(주거전용면적)을 기준으로 해서 산정한다(법 §2, 영 §3①②).

「주택공급에 관한 규칙」에서는 국민주택 중 다음에 해당하지 않는 사업주체가 건설하는 60㎡ 초과 85㎡ 이하의 국민주택을 민간건설 중형국민주택(民間建設 中型國民住宅)이라고 한다(주택공급규칙 §2).

1) 국가, 지방자치단체
2) 대한주택공사
3) 주택사업을 목적으로 설립된 지방공사[5)]

「주택공급에 관한 규칙」에서는 다음의 주택은 "국민주택 등"으로 약칭하고, 나머지 주택은 민영주택으로 구분하고 있다(주택공급규칙 §2).

1) 국민주택
2) 국가 · 지방자치단체 · 대한주택공사 또는 지방공사가 건설하는 85㎡ 이하의 주택
3) 85㎡ 이하의 공공건설임대주택

3. 주택의 규모

「주택법」에 의해 건설 · 공급하는 주택의 규모는 단독주택은 1

5) 지방공사는 「지방공기업법」에 의해서만 설립되고, 동법에 의해 설립된 지방공사는 당초의 설립목적 외의 사업을 할 수 없으므로 주택건설사업을 목적으로 설립된 지방공사만이 주택건설사업 및 대지조성사업을 할 수 있다. 이 책에서 아무런 설명 없이 "지방공사"라고 할 때에는 "「지방공기업법」에 의해 주택건설사업을 목적으로 설립된 지방공사"를 가리키는 것으로 한다.

호당 330㎡ 이하, 공동주택은 1세대당 297㎡ 이하이다. 건설교통부장관은 도시의 건전한 발전과 산업 및 관광의 진흥을 위해 필요하거나 그 밖에 특별한 사유가 있는 경우에는 사업주체가 건설·공급할 수 있는 주택의 규모를 따로 정할 수 있다(법 §21①, 영 §21①②).

주택의 규모는 주거전용면적으로 산정한다. 주거전용면적의 산정방법은 다음과 같다(법 §2, 영 §21③, 칙 §2②).

1) 단독주택: 바닥면적에서 지하실의 면적(거실로 사용되는 면적은 제외)과 본 건축물과 분리된 창고·차고 및 화장실의 면적을 제외한 면적
2) 공동주택: 외벽의 내부선을 기준으로 산정한 면적.[6] 다만, 2세대 이상이 공동으로 사용하는 부분으로서 다음의 공용면적은 제외하며, 이 경우 바닥면적에서 주거전용면적을 제외하고 남는 외벽면적은 공용면적에 가산한다.
   - 복도·계단·현관 등 공동주택의 지상층에 있는 공용면적
   - 위의 공용면적을 제외한 지하층·관리사무소 등 그 밖의 공용면적

4. 주택의 부대시설

주택의 부대시설은 주택에 부대되는 다음의 시설 또는 설비를 말한다(법 §2, 주택건설기준규정 §4).

1) 주차장, 관리사무소, 담장, 주택단지 안의 도로
2) 건축설비
3) 보안등, 대문, 경비실, 자전거보관소
4) 조경시설, 옹벽, 축대, 주택단지 안의 도로

---

6) 이를 실무에서는 안목치수(眼目値數)라 한다.

5) 안내표지판, 공중전화, 공중화장실
6) 저수시설, 지하양수시설, 대피시설
7) 쓰레기수거 및 처리시설, 오수처리시설, 단독정화조
8) 소방시설, 냉난방공급시설(지역난방공급시설은 제외)
9) 그 밖에 위에 준하는 것으로서 건설교통부령이 정하는 시설 또는 설비.

5. 주택의 복리시설

주택의 복리시설은 주택단지 안의 입주자 등의 생활복리를 위한 다음의 공동시설을 말한다(법 §2, 주택건설기준규정 §5).

1) 어린이놀이터, 유치원, 주민운동시설, 경로당
2) 근린생활시설
   - 제1종 근린생활시설
   - 제2종 근린생활시설(장의사 · 총포판매소 · 단란주점 및 안마시술소는 제외)
3) 종교시설
4) 판매시설 중 소매시장 및 상점
5) 교육연구시설, 노유자시설, 수련시설
6) 업무시설 중 금융업소
7) 공동작업장 · 아파트형공장 · 사회복지관(종합사회복지관을 포함함)
8) 주민공동시설
9) 도시계획시설인 시장
10) 그 밖에 위의 시설에 준하는 것으로서 건설교통부령이 정하는 공동시설과 사업계획승인권자가 거주자의 생활복리 또는 편익을 위해 필요하다고 인정하는 시설

"주민운동시설"은 거주자의 체육활동을 위해 설치하는 옥외 ·

옥내운동시설(「체육시설의 설치·이용에 관한 법률」에 의한 신고체육시설업에 해당하는 시설을 포함함)·생활체육시설 그 밖에 이와 유사한 시설을 말한다(주택건설기준규정 §2).

"주민공동시설"은 그 공동주택의 거주자가 공동으로 관리하는 시설로서 주민운동시설·청소년수련시설·주민휴게시설·도서실·독서실·입주자집회소·경로당·보육시설 그 밖에 거주자의 취미활동이나 가정의례 또는 주민봉사활동 등에 사용할 수 있는 시설을 말한다(주택건설기준규정 §2).

6. 주택단지

주택단지는 사업계획승인을 받아 주택과 그 부대시설 및 복리시설을 건설하거나 대지를 조성하는 데에 사용되는 일단의 토지를 말한다. 다만, 다음의 시설로 분리된 토지는 이를 각각 별개의 주택단지로 본다(법 §2, 영 §4, 칙 §3).

1) 철도, 고속도로, 자동차전용도로
2) 너비 20m 이상인 일반도로
3) 너비 8m 이상인 도시계획예정도로
4) 보행자 및 자동차의 통행이 가능한 다음의 도로
 • 도시계획시설인 도로[7] 중 주간선도로, 보조간선도로, 집산

7) 도시계획도로의 기능별 구분은 다음과 같다(도시계획시설의 결정·구조 및 설치기준에 관한 규칙 §9).
1. 주간선도로: 시·군 내 주요지역을 연결하거나 시·군 상호간을 연결해서 대량통과교통을 처리하는 도로로서 시·군의 골격을 형성하는 도로
2. 보조간선도로: 주간선도로를 집산도로 또는 주요 교통발생원과 연결해서 시·군 교통의 집산기능을 하는 도로로서 근린주거구역의 외곽을 형성하는 도로
3. 집산도로(集散道路): 근린주거구역의 교통을 보조간선도로에 연결해

도로, 너비 8m 이상인 국지도로

- 「도로법」에 의한 도로[8] 중 일반국도, 특별시도, 광역시도, 지방도
- 그 밖에 관계 법령에 의해 설치된 도로로서 위의 도로에 준하는 도로

주택단지는 하나의 대지로 본다. 다만, 복리시설의 설치를 위해 따로 구획·양여하는 토지는 이를 별개의 대지로 본다. 이 경우 주택단지에서 도시계획시설로 결정된 도로·광장 및 공원용지의 면적은 건폐율 또는 용적률의 산정을 위한 대지면적에 산입하지 않는다(주택건설기준규정 §8①②, 건축법 시행령 §3①).

제5절 주택정책의 실시

1. 국가와 지방자치단체의 의무

국가와 지방자치단체는 주택정책을 수립·시행하는 때에는 다음 사항을 달성하기 위해 노력해야 한다(법 §3).

1) 국민의 쾌적하고 살기 좋은 주거생활이 가능하도록 할 것
2) 주택시장의 원활한 기능발휘와 주택산업의 건전한 발전을 기할 수 있도록 할 것
3) 주택이 공평하고 효율적으로 공급되며 쾌적하고 안전하게

서 근린주거구역 내 교통의 집산기능을 하는 도로로서 근린주거구역의 내부를 구획하는 도로

4. 국지도로(局地道路): 가구(街區)를 구획하는 도로
5. 특수도로: 보행자전용도로·자전거전용도로 등 자동차 외의 교통에 전용되는 도로

8) 도로법상의 도로는 ① 고속국도, ② 일반국도, ③ 특별시도·광역시도, ④ 지방도, ⑤ 시도, ⑥ 군도, ⑦ 구도(區道)를 말한다(도로법 §11).

관리될 수 있도록 할 것

4) 저소득자·무주택자 등 주거복지 차원에서 지원이 필요한 계층에게는 국민주택 규모의 주택이 우선적으로 공급될 수 있도록 할 것.

2. 주택정책에 관한 협의

중앙행정기관의 장과 특별시장·광역시장 또는 도지사는 주택의 건설·공급 및 관리와 이를 위한 자금의 조달·운용에 관련되는 업무와 관련해서 「주택법」에 규정된 사항 외의 소관업무에 관해 필요한 조치를 취하고자 하는 때에는 미리 건설교통부장관과 협의해야 한다(법 §4①).

3. 주거실태조사

건설교통부장관과 특별시장·광역시장·시장 또는 군수는 주택보급률, 주택의 유형·규모 등에 대해 주거실태조사를 실시할 수 있다(법 §5①, 영 §6①).

주거실태조사는 정기조사와 수시조사로 구분한다. 정기조사는 「통계법」에 의해 지정통계로 지정된 인구총조사 및 주택총조사와 병행해서 실시해야 하며, 수시조사는 특히 필요한 경우에 조사항목을 특정해서 실시할 수 있다(법 §5②③).

4. 최저주거기준의 설정

건설교통부장관은 국민이 쾌적하고 살기 좋은 생활을 영위하기 위해 필요한 최저주거기준을 설정·공고해야 한다(법 §5의2①). 최저주거수준의 도입은 주택정책이 주택보급률로 표현되는 양적 위주의 정책에서 주거복지향상을 지향하는 질적 위주의 정책으로 전환되었다는 의미가 있다.

건설교통부장관이 최저주거기준을 설정·공고하고자 하는 경우에는 미리 관계 중앙행정기관의 장과 협의하고 주택정책심의위원회의 심의를 거쳐야 한다(법 §5의2②).

최저주거기준에는 다음 사항이 포함돼야 하며 사회적·경제적인 여건변화에 따라 그 적정성이 유지돼야 한다(법 §5의2③, 영 §7).

1) 가구구성별 최소주거면적
2) 용도별 방의 개수
3) 전용부엌·화장실 등 필수적인 설비의 기쥬
4) 안전성·쾌적성 등을 고려한 주택의 구조·성능 및 환경기준

국가 또는 지방자치단체는 최저주거기준에 미달되는 가구에 대해 우선적으로 주택을 공급하거나 국민주택기금을 지원하는 등 혜택을 부여할 수 있다(법 §5의3①).

국가 또는 지방자치단체가 주택정책을 수립·시행하거나 사업주체가 주택건설사업을 시행하는 경우에는 최저주거기준에 미달되는 가구를 줄이기 위해 노력해야 한다(법 §5의3②).

건설교통부장관 또는 지방자치단체의 장은 주택의 건설과 관련된 인·허가 등을 함에 있어 그 사업의 내용이 최저주거기준에 미달되는 경우에는 그 기준을 충족하도록 사업계획승인신청서의 보완지시 등 필요한 조치를 취할 수 있다(법 §5의3③).

건설교통부장관 또는 지방자치단체의 장은 최저주거기준에 미달되는 가구가 밀집한 지역에 대해서는 우선적으로 임대주택을 건설하거나 우선적으로 주거환경정비사업을 시행할 수 있도록 하기 위해 필요한 조치를 할 수 있다(법 §5의3④).

5. 주택성능등급의 표시

주택성능등급표시제도는 주택시장이 공급자위주에서 수요자위주로 전환됨에 따라 채택된 제도이다. 주택수요자들이 사업주체가 제공한 일방적인 정보에 의존하지 않고 객관적인 평가를 거쳐 마련된 주택의 성능수준에 의해 자신이 필요한 주택을 선택할 수 있게 된다. 그리고 주택성능등급이 제시되면 사업주체가 이 등급에 따라 국내 주택여건에 적합한 기술을 개발하기 위해 노력하고, 사업주체간에 기술개발을 위해 경쟁하는 상황을 유도하게 될 것이다.

사업주체가 1,000세대 이상의 주택을 공급하고자 하는 때에는 건설교통부장관이 지정하는 기관으로부터 주택의 성능에 대한 등급을 인정받아 이를 입주자모집공고안에 표시해야 한다(법 §21의2 ①, 주택건설기준규정 §58①).

제6절 주택종합계획의 수립

1. 주택종합계획

건설교통부장관은 국민의 주거안정과 주거수준의 향상을 도모하기 위해 다음 사항이 포함된 주택종합계획을 수립·시행해야 한다(법 §7①).

1) 주택정책의 기본목표 및 기본방향에 관한 사항
2) 국민주택·임대주택의 건설 및 공급에 관한 사항
3) 주택·택지의 수요·공급 및 관리에 관한 사항
4) 주택자금의 조달 및 운용에 관한 사항
5) 저소득자·무주택자 등 주거복지 차원에서 지원이 필요한

계층에 대한 주택지원에 관한 사항
6) 건전하고 지속가능한 주거환경의 조성 및 정비에 관한 사항
7) 주택의 리모델링에 관한 사항

주택종합계획은 국토종합계획에 적합해야 한다(법 §7③).

주택종합계획은 연도별 계획과 10년 단위 계획으로 구분하며, 연도별 계획은 10년 단위 계획을 토대로 해서 그 연도 2월 말까지 수립한다(법 §7②).

2. 주택종합계획의 수립절차

건설교통부장관은 주택종합계획을 수립하는 때에는 미리 관계 중앙행정기관의 장 및 특별시장·광역시장 또는 도지사에게 주택종합계획에 반영돼야 할 정책 및 사업에 관한 소관별 계획서의 제출을 요청할 수 있다(법 §7④).

건설교통부장관은 주택종합계획의 수립에 필요한 경우에는 국민주택기금의 운용·관리를 위탁받은 금융기관에 대해 다음 연도의 주택자금조달계획서를 제출하게 할 수 있다(영 §8③).

건설교통부장관은 소관별 계획서를 기초로 주택종합계획안을 마련해서 관계 중앙행정기관의 장과 협의하고 주택정책심의위원회의 심의를 거쳐 확정한다. 주택종합계획이 확정되면 건설교통부장관은 이를 지체 없이 관계 중앙행정기관의 장과 특별시장·광역시장 또는 도지사에게 통보해야 한다(법 §7⑤).

3. 특별시·광역시·도 주택종합계획

특별시장·광역시장 또는 도지사는 주택종합계획에 따라 조례가 정하는 바에 연도별 및 10년 단위의 특별시·광역시·도 주택종합계획을 수립해야 한다(법 §8①).

특별시장·광역시장 또는 도지사는 특별시·광역시·도 주택종합계획을 수립한 때에는 지체 없이 이를 건설교통부장관에게 제출해야 한다(법 §8②).

특별시·광역시·도 주택종합계획은 주택종합계획에 적합해야 하며, 연도별 특별시·광역시·도 주택종합계획은 10년 단위의 특별시·광역시·도 주택종합계획에 적합해야 한다(법 §8①).

건설교통부장관은 특별시·광역시·도 주택종합계획의 수립기준을 정할 수 있다(법 §8③).

4. 주택종합계획의 수립효과

다음에 해당하는 사업주체는 주택종합계획이 정하는 바에 따라 주택건설사업 또는 대지조성사업을 시행해야 한다(법 §7③).

1) 국가, 지방자치단체
2) 대한주택공사, 한국토지공사
3) 지방공사

중앙행정기관의 장과 「정부투자기관관리기본법」에 의한 정부투자기관[9]의 장은 주택을 건설하거나 그 소속직원을 위해 주택을 건설·공급하고자 하는 때에는 주택건설사업계획을 작성해서 매년 12월 말까지 건설교통부장관에게 제출해야 한다(영 §8④).

---

9) 「정부투자기관관리기본법」에 의한 정부투자기관은 정부가 납입자본금의 50% 이상을 출자한 기업체를 말한다. 이 책에서 아무런 설명 없이 "정부투자기관"이라고 할 때에는 "「정부투자기관관리기본법」에 의한 정부투자기관"을 가리키는 것으로 한다.

제7절 주택자금

1. 국민주택기금

정부는 주택종합계획을 효율적으로 실시하기 위해 필요한 자금을 확보하고 이를 원활하게 공급하기 위해 국민주택기금을 설치한다(법 §60①).

국민주택기금은 건설교통부장관이 운용·관리한다. 건설교통부장관은 국민주택기금의 운용·관리에 관한 사무의 전부 또는 일부를 금융기관 등 건설교통부장관이 지정하는 자(기금수탁자)에게 위탁할 수 있다(법 §62①②).

2. 국민주택채권

정부는 국민주택사업에 필요한 자금을 조달하기 위해 국민주택기금의 부담으로 국민주택채권을 발행할 수 있다. 국민주택채권은 건설교통부장관의 요청에 의해 재정경제부장관이 발행한다(법 §67①②).

국민주택채권은 제1종 국민주택채권과 제2종 국민주택채권으로 구분해서 발행한다(영 §91①).

1) 제1종 국민주택채권: 다음의 자가 매입하는 국민주택채권
   - 국가 또는 지방자치단체로부터 면허·허가·인가를 받고자 하는 자
   - 국가 또는 지방자치단체에 등기 또는 등록을 신청하고자 하는 자
   - 국가·지방자치단체 또는 정부투자기관과 건설공사도급계약을 체결하고자 하는 자

2) 제2종 국민주택채권: 「주택법」에 의해 건설·공급하는 주택을 공급받는 자가 매입하는 국민주택채권

국민주택채권의 발행기간은 1년을 단위로 하며, 발행일은 매출한 달의 말일로 한다(영 §91②).

국민주택채권은 증권을 발행하지 않고 증권예탁원에 등록해서 발행한다(영 §91③).

제1종 국민주택채권의 이자율은 채권발행 당시의 국채·공채 등의 금리, 국민주택기금의 수지상황 등을 참작해서 재정경제부장관이 건설교통부장관과 협의해서 정한다(영 §92①).

건설교통부장관은 주거전용면적이 85㎡를 초과하는 분양가상한제 적용주택을 공급받고자 하는 자에 대해 제2종 국민주택채권을 매입하도록 할 수 있다(영 §95②).

국민주택채권은 원칙적으로 중도상환하지 않는다(영 §96①).

3. 주택상환사채(住宅償還社債)

대한주택공사 및 등록사업자는 주택으로 상환하는 사채를 발행할 수 있다. 이를 “주택상환사채”라 한다(법 §69①).

주택상환사채를 발행하고자 하는 때에는 미리 주택상환사채발행계획을 작성해서 건설교통부장관의 승인을 받아야 한다(법 §69②).

주택상환사채의 상환기간은 3년을 초과할 수 없다(영 §101①).

주택상환사채는 양도하거나 중도에 해약할 수 없다(영 §101②).

주택상환사채는 기명증권으로 한다. 사채권자의 명의변경은 취득자의 성명과 주소를 사채원부에 기재하는 방법으로 하며, 취득자의 성명을 채권에 기재하지 않으면 사채발행자 및 제3자에게 대항할 수 없다(법 §70②).

주택상환사채는 액면 또는 할인의 방법으로 발행한다(영 §98①).

주택상환사채의 발행에 관해서는 「주택법」에 규정한 것을 제외하고는 「상법」 중 사채발행에 관한 규정을 적용한다. 다만, 대한주택공사가 발행하는 경우와 등록사업자가 금융기관 등의 상환보증을 받아 발행하는 경우에는 「상법」 제470조(사채의 총액은 순자산액의 4배 이내)·제471조(사채는 종전에 모집한 사채의 총액이 납입된 후 모집) 및 제478조 제1항(채권은 사채전액이 납입된 후 발행)은 적용하지 않는다(법 §72).

제8절 권한의 위임

1. 건설교통부장관 권한의 위임

건설교통부장관의 권한 중 등록사업자의 등록말소 및 영업정지, 사업계획의 승인(330만㎡ 이상의 규모로 택지개발사업을 추진하는 지역 중 건설교통부장관이 지정·고시하는 지역 안에서 주택건설사업을 시행하는 경우는 제외), 사용검사 등에 관한 권한은 특별시장·광역시장 또는 도지사에게 위임되어 있다(법 §87①, 영 §117).

건설교통부장관 또는 지방자치단체의 장은 주거실태조사, 주택건설사업 및 대지조성사업의 등록 및 영업실적 등의 접수, 시설물안전교육, 주택관리사보자격시험의 시행, 주택관리업자 및 관리사무소장에 대한 교육 등에 관한 권한을 주택산업육성, 주택관리의 전문화, 자격검정 등을 목적으로 설립된 법인 또는 기금수탁자 중 건설교통부장관 또는 지방자치단체의 장이 인정하는 자에게 위탁할 수 있다(법 §87②).

건설교통부장관은 주거실태조사, 주택건설사업 및 대지조성사업의 등록, 주택관리사보자격시험의 시행 등을 국토연구원·대한주택공사·협회 등에 위탁한다(영 §118①).

제2장 주택의 건설

제1절 사업주체

1. 사업주체

사업주체는 사업계획승인을 받아 주택건설사업 또는 대지조성사업을 시행하는 다음의 자를 말한다(법 §2).

1) 국가, 지방자치단체
2) 대한주택공사, 한국토지공사
3) 「주택법」에 의해 등록한 주택건설사업자 또는 대지조성사업자
4) 그 밖에 「주택법」에 의해 주택건설사업 또는 대지조성사업을 시행하는 자

2. 등록사업자

가. 등 록

다음의 주택건설사업 또는 대지조성사업을 하고자 하는 자는 건설교통부장관에게 등록해야 한다.[1] 주택건설사업 또는 대지조

1) 주택건설사업 또는 대지조성사업의 등록에 관한 업무는 대한주택사업협회에 위탁되어 있다(주택법 §87②, 동법 시행령 §118①). 따라서 대한주택

성사업의 등록을 한 자를 "등록사업자"라 한다(법 §9①, §10①, 영 §10①).

1) 연간 20호 이상의 단독주택 또는 20세대 이상의 공동주택을 건설하는 주택건설사업
2) 연간 1만㎡ 이상의 대지를 조성하는 대지조성사업

그러나 다음의 자는 등록을 하지 않고도 주택건설사업 또는 대지조성사업을 할 수 있다(법 §9①).

1) 국가, 지방자치단체
2) 대한주택공사, 한국토지공사
3) 지방공사
4) 「공익법인의 설립·운영에 관한 법률」에 의해 주택건설사업을 목적으로 설립된 공익법인
5) 주택조합(등록사업자와 공동으로 주택건설사업을 하는 경우에 한함)
6) 근로자를 고용하는 자(등록사업자와 공동으로 주택건설사업을 시행하는 경우에 한함)

주택건설사업 또는 대지조성사업의 등록을 하고자 하는 자는 다음의 요건을 갖추어야 한다. 이 경우 「건설산업기본법」에 의해 건축공사업 또는 토목건축공사업으로 등록한 자가 주택건설사업 또는 대지조성사업의 등록을 하고자 하는 경우에는 이미 보유하고 있는 자본금·기술인력 및 사무실면적을 다음의 기준에 포함해서 산정한다(영 §10②④).

1) 자본금 3억원(개인인 경우에는 자산평가액 6억원) 이상. 다만, 다른 법률에 의해 설립된 무자본특수법인이 국가업무를 위

사업협회에 등록신청을 해야 한다.

탁받은 범위 안에서 주택건설사업을 시행하는 경우에는 이 요건을 적용하지 않는다.

2) 주택건설사업의 경우에는 건축분야기술자 1인 이상, 대지조성사업의 경우에는 토목분야기술자 1인 이상

3) 사무실 면적 33㎡ 이상

여기의 "사무실"은 「건축법」 그 밖의 법령에 적합한 건물이어야 한다.[2)]

나. 등록사업자의 결격사유

다음에 해당하는 자는 주택건설사업 또는 대지조성사업의 등록을 할 수 없다(법 §11).

1) 미성년자 · 금치산자 또는 한정치산자

2) 파산선고를 받은 자로서 복권되지 않은 자

3) 「부정수표단속법」 또는 「주택법」을 위반해서 금고 이상의 실형[3)]의 선고를 받고 그 집행이 종료(집행이 종료된 것으로 보는 경우를 포함함)되거나 집행이 면제된 날부터 2년이 경과되지 않은 자

4) 「부정수표단속법」 또는 「주택법」을 위반해서 금고 이상의 형의 집행유예선고를 받고 그 유예기간 중에 있는 자

5) 등록사업자의 등록이 말소된 후 2년이 경과되지 않은 자

6) 법인의 임원 중 위의 어느 하나에 해당되는 자가 있는 법인

결격사유가 발생하면 이는 등록취소사유가 된다(법 §13①).

---

2) 대법원 1993. 8. 27. 선고, 93누11418 판결

3) 「형법」에 의한 형의 종류에는 사형 · 징역 · 금고(禁錮) · 자격상실 · 자격정지 · 벌금 · 구류 · 과료(科料) 및 몰수가 있다. 형의 경중은 이 순서에 의한다(형법 §41, §50①). 따라서 "금고 이상의 형"은 사형 · 징역 및 금고를 가리킨다.

다. 등록사업자의 직접시공

등록사업자가 「주택법」에 의한 사업계획승인이나 「건축법」에 의한 공동주택건축허가를 받아 분양 또는 임대를 목적으로 주택을 건설하는 경우로서 그 등록사업자가 기술능력·주택건설실적·주택규모 등에 관한 소정의 기준에 해당하는 경우에는 「건설산업기본법」에 의한 건설업자로 간주되어 직접 주택건설공사를 시공할 수 있다(법 §12①).

건설업자가 아닌 등록사업자가 직접 주택건설공사를 시공하기 위해 갖추어야 할 기준은 다음과 같다(영 §13①).

1) 법인인 경우에는 자본금 5억원 이상, 개인인 경우에는 자산평가액 10억원 이상
2) 건축분야 및 토목분야기술자 3인 이상
3) 최근 5년간의 주택건설실적 100호 또는 100세대 이상

등록사업자가 건설업자로 간주되어 직접 시공해서 건설할 수 있는 주택은 5층(각층 거실의 바닥면적 300㎡마다 1개소 이상의 직통계단을 설치한 경우에는 6층) 이하에 한한다. 다만, 6층 이상의 아파트를 건설한 실적이 있거나 최근 3년간 300세대 이상의 공동주택을 건설한 실적이 있는 등록사업자의 경우에는 6층 이상의 주택을 건설할 수 있다(영 §13②).

등록사업자가 건설업자로 간주되어 직접 주택건설공사를 시공하는 때에는 건설공사비(총공사비에서 대지구입비를 제외한 금액)가 자본금과 자본준비금·이익준비금을 합한 금액의 10배(개인인 경우에는 자산평가액의 5배)를 초과할 수 없다(영 §13③).

등록사업자가 건설업자로 간주되어 주택건설공사를 직접 시공하는 때에는 「건설산업기본법」 제40조(건설기술자의 배치), 제44조(건설업자의 손해배상책임), 제93조 및 제94조(안전위반시공에 따른 벌칙), 제98조(양벌규정), 제99조 내지 제101조(과태료)를 준용한다.

이 경우 이들 규정의 "건설업자"는 "등록사업자"로 본다(법 §12②).

라. 등록증대여금지 등

등록사업자는 다른 사람에게 자기의 성명 또는 상호를 사용해서 「주택법」에서 정한 사업이나 업무를 수행 또는 시공하게 하거나 그 등록증을 대여하면 안 된다(법 §88).

마. 등록말소 또는 영업정지

건설교통부장관은 등록사업자가 부정한 방법으로 등록하거나, 등록기준에 미달하게 되거나, 부실공사로 공중에게 위해를 끼치거나, 결격사유에 해당하게 되거나, 명의 또는 등록증을 대여하는 등의 사유가 있는 때에는 등록을 말소하거나 1년 이내의 기간을 정해 영업정지를 명할 수 있다. 다만, 부정한 방법으로 등록한 때와 명의 또는 등록증을 대여한 때에는 반드시 그 등록을 말소해야 한다(법 §13①).

등록말소 및 영업정지처분에 관한 구체적인 기준은 「주택법 시행령」에 규정되어 있다(영 §14①, [별표 1]).

허가취소·등록말소·영업정지 등의 행정제재의 구체적인 기준은 일반적으로 부령에 규정되어 있는데, 이러한 행정처분기준을 법규명령으로 볼 것인지에 대해서는 의견이 대립되고 있다. 대법원판례는 일관되게 이러한 행정처분기준은 법규명령이 아니라 행정기관 내부의 기준에 불과하다고 보고 있다.[4] 그런데 유독 대법

4) 규정형식상 부령인 시행규칙 또는 지방자치단체의 규칙으로 정한 행정처분의 기준은 행정처분 등에 관한 사무처리기준과 처분절차 등 행정청 내의 사무처리준칙을 규정한 것에 불과하므로 행정조직 내부에 있어서의 행정명령의 성격을 지닐 뿐 대외적으로 국민이나 법원을 구속하는 힘이 없고, 그 처분이 위 규칙에 위배되는 것이라 하더라도 위법의 문제는 생기지 않고, 또 위 규칙에서 정한 기준에 적합하다 해서 바로 그 처분이

원 1997. 12. 26. 선고, 97누15418 판결에서는 「주택법 시행령」에 규정된 등록말소 및 영업정지처분 기준에 대해서는 법규명령이라고 판시했는데, 법률의 위임규정에 터잡은 규정형식상 대통령령이므로 그 성실이 부령인 시행규칙이나 또는 지방자치단체의 규칙과 같이 통상적으로 행정조직 내부에 있어서의 행정명령에 지나지 않는 것이 아니라 대외적으로 국민이나 법원을 구속하는 힘이 있는 법규명령에 해당한다고만 하고 있을 뿐 이러한 결론을 내리게 된 구체적인 근거를 전혀 제시하지 않고 있다. 그러나 대통령령과 부령이 「헌법」 제75조에 터잡은 "명령"이라는 점에서 본질적 차이가 없음에도 불구하고 동일한 사항을 대통령령으로 규정하면 법규명령으로 보고, 부령으로 규정하면 행정규칙으로 보는 것은 타당하지 않다.5)

건설교통부장관은 등록사업자의 등록을 말소하고자 하는 때에는 미리 청문을 실시해야 한다(법 §93). 영업정지를 하고자 하는 경우에는 「행정절차법」 제22조 제3항에 의해 미리 의견제출의 기회를 주어야 한다.6)

등록말소 또는 영업정지의 처분을 받은 등록사업자는 그 처분전에 사업계획승인을 받은 사업을 계속 수행할 수 있다. 다만, 등록말소처분을 받은 등록사업자가 그 사업을 계속 수행할 수 없는

적법한 것이라고도 할 수 없으며, 그 처분의 적법 여부는 위 규칙에 적합한지의 여부에 따라 판단할 것이 아니고 관계 법령의 규정 및 그 취지에 적합한 것인지 여부에 따라 개별적·구체적으로 판단해야 한다(대법원 1995. 10. 17. 선고, 94누14148 전원합의체 판결).

5) 정태용, 영업정지처분에 갈음하는 과징금제도의 분석 및 개선방안, 서울시립대학교 석사학위논문, 2005년, 57쪽

6) 「행정절차법」 제22조 제1항 및 제3항에서 의무를 과하거나 권익을 제한하는 처분을 할 때에는 의견제출의 기회를 주도록 규정하면서, 청문을 해야 하는 경우는 동법에서 정하지 않고 개별 법령에서 정하도록 하고 있다. 그래서 개별 법령에는 청문에 관한 규정만 있을 뿐 의견청취에 관한 규정이 없다.

중대하고 명백한 사유가 있는 경우에는 그 사업을 계속 수행할 수 없다(법 §14).

3. 토지소유자·주택조합 또는 고용자

가. 등록사업자와의 공동시행

사업주체가 토지소유자·주택조합 또는 고용자인 경우에는 소정의 자격요건을 갖춘 등록사업자와 공동으로 주택건설사업을 시행하도록 함으로써 주택건설사업의 내실을 기하고 있다.

토지소유자가 주택을 건설하는 경우에는 등록사업자와 공동으로 사업을 시행할 수 있다. 이 경우 토지소유자와 등록사업자를 공동사업주체로 본다(법 §10①).

주택조합(리모델링주택조합은 제외)이 그 구성원의 주택을 건설하는 경우에는 등록사업자·지방자치단체·대한주택공사 또는 지방공사와 공동으로 사업을 시행할 수 있다. 이 경우 주택조합과 등록사업자 등은 공동사업주체로 본다(법 §10②).

근로자를 고용하는 자가 그 근로자의 주택을 건설하는 경우에는 등록사업자와 공동으로 사업을 시행해야 한다. 이 경우 고용자와 등록사업자를 공동사업주체로 본다(법 §10③).

나. 공동시행요건

토지소유자·주택조합 또는 고용자가 등록사업자 등과 공동으로 주택을 건설하고자 하는 경우에는 다음의 요건을 갖추어 사업계획승인을 신청해야 한다(영 §12).

1) 등록사업자가 「건설산업기본법」에 의한 건설업자로 간주되는 자이거나, 건축공사업 또는 토목건축공사업의 등록을 한 건설업자일 것. 다만, 지방자치단체·대한주택공사 또는 지방공사인 경우는 제외한다.

2) 토지소유자·주택조합 또는 고용자가 주택건설대지의 소유권을 확보하고 있을 것
3) 주택건설대지가 저당권·가등기담보권·가압류·전세권·지상권 등의 목적으로 되어 있는 경우에는 그 권리를 말소할 것. 다만, 저당권 등의 권리자로부터 그 사업의 시행에 대한 동의를 받은 경우는 제외한다.
4) 공동사업주체 간에 대지 및 주택의 사용·처분, 사업비의 부담, 시공상의 책임, 공사기간 그 밖에 사업추진상의 각종 책임 등에 관해 주택법령이 정하는 범위 안에서 협약이 체결되어 있을 것

공동사업주체간의 구체적인 업무·비용 및 책임의 분담 등에 관해서는 당사자간의 협약에 따른다(법 §10④).

토지소유자·주택조합 또는 고용자와 등록사업자가 공동으로 사업을 시행하는 경우 등록사업자가 공사수급인의 지위에서 독립적으로 제3자와 체결한 하도급공사계약 등에 대해서는 당연히 주택조합이 계약상 책임을 공동으로 부담하게 되는 것은 아니다[7].

등록사업자가 주택조합과 공동으로 사업을 시행하면서 시공하는 경우 그 등록사업자는 시공자로서의 책임뿐만 아니라 자신의 귀책사유로 사업추진이 불가능하게 되거나 지연됨으로써 조합원에게 가한 손해를 배상할 책임이 있다(법 §32②).

7) 대법원 2002. 6. 14. 선고, 2001다75356 판결.

제2절 주택조합

1. 주택조합의 구분

주택조합은 다수의 구성원이 주택을 마련하거나 리모델링하기 위해 결성하는 조합을 말한다. 주택조합이 건설하는 주택을 "조합주택"이라 한다(법 §2, §25①).

주택조합은 지역주택조합·직장주택조합·임대주택조합 및 리모델링주택조합으로 구분된다(법 §2).

1) 지역주택조합: 동일한 특별시·광역시·시 또는 군에 거주하는 주민이 주택을 마련하기 위해 설립한 조합. 여기의 "군"에는 광역시의 관할구역에 있는 군은 제외된다.[8)]
2) 직장주택조합: 동일한 직장의 근로자가 주택을 마련하기 위해 설립한 조합
3) 임대주택조합: 주택을 임대하고자 하는 자가 임대주택을 건설 또는 매입하기 위해 설립한 조합
4) 리모델링주택조합: 공동주택의 소유자가 그 주택을 리모델링하기 위해 설립한 조합

주택조합(리모델링주택조합은 제외)은 조합원을 위해 건설하는 주택을 그 조합원에게 우선공급할 수 있으며, 사업주체는 국민주택을 공급받기 위해 설립한 직장주택조합의 조합원에게 국민주택

---

8) "군(郡)"은 일반적으로 도의 관할구역에 설치하는데, 광역시의 관할구역에 군을 설치하는 경우가 있다. 그래서 그냥 "특별시·광역시 또는 군"이라고 표현하는 경우에는 "광역시의 관할구역에 있는 군"을 포함하는 것인지 여부가 문제될 수 있으므로, 「주택법」 제2조 제9호 가목에서는 이러한 혼란을 방지하기 위해 "광역시의 관할구역에 있는 군"이 포함되지 않음을 명백히 한 것이다. 이 책에서 아무런 설명 없이 "군"이라고 할 때에는 "광역시의 관할구역에 있는 군"이 포함되지 않는 군을 가리킨다.

을 우선공급할 수 있다(법 §32④).

2. 주택조합의 조합원

가. 조합원자격

지역주택조합 및 직장주택조합의 조합원은 다음의 요건을 갖추어야 한다(영 §38①, 칙 §18①).

1) 조합설립인가신청일(그 주택건설대지가 투기과열지구 안에 있는 경우에는 주택조합설립인가신청일 1년 전의 날을 말함)부터 그 조합주택의 입주가능일까지 주택을 소유하지 않거나 주거전용면적 60㎡ 이하의 주택 1채를 소유하는 세대주일 것. 다만, 국민주택을 공급받기 위한 직장주택조합의 경우에는 무주택이어야 한다.
2) 지역주택조합의 경우에는 조합설립인가신청일 현재 동일한 특별시·광역시·시 또는 군에 6월 이상 거주하고, 직장주택조합의 경우에는 조합설립인가신청일 현재 동일한 특별시·광역시·시 또는 군에 소재하는 동일한 국가기관·지방자치단체 또는 법인에 근무할 것

당첨자와 당첨자의 지위를 승계한 자는 주택을 소유한 것으로 본다(영 §38①).

"세대주"는 세대주를 포함한 세대원(세대주와 동일한 세대별 주민등록표상에 등재되어 있지 않은 세대주의 배우자 및 배우자와 동일한 세대를 이루고 있는 세대원을 포함함) 전원이 주택을 소유하고 있지 않거나 세대원 중 1인에 한해 주거전용면적 60㎡ 이하의 주택 1채를 소유한 세대의 세대주를 말한다(영 §38①).

"무주택 세대주"인지의 여부는 특별한 사정이 없는 한 건물등기부에 주택을 소유한 것으로 기재되어 있는지 여부에 의해 결정된다.[9] 주택의 명의수탁자는 무주택자[10]이나 주택을 매도한 후

양도소득세를 면하기 위해 그 등기명의를 보유하고 있는 자[11]는 무주택자에 해당되지 않는다. 자신의 의사로 등기명의를 유지하고 있는 이상 이로 인해 무주택자로 인정받지 못하는 불이익도 감수해야 할 것이다.

리모델링주택조합의 조합원은 다음의 요건을 갖추어야 한다. 이 경우 공동주택 또는 복리시설의 소유권이 수인의 공유에 속하는 경우에는 그 수인을 대표하는 1인을 조합원으로 본다(영 §38①).

1) 사업계획승인을 얻어 건설한 공동주택의 소유자
2) 복리시설을 함께 리모델링하는 경우에는 그 복리시설의 소유자
3) 건축허가를 받아 분양을 목적으로 건설한 공동주택의 소유자와 그 건축물 중 공동주택 외의 시설의 소유자.

나. 조합규약에 의한 조합원자격

주택조합은 규약으로 법령에서 요구하는 요건 외에 다른 요건을 조합원의 자격요건으로 규정할 수 있고, 이러한 규약은 법령에 위배되지 않는 한 자체 규약으로서 조합과 그 조합원에 대해 효력이 있다.[12] 주택조합이 규약으로 조합원이 될 수 있는 자를 한정하고 있는 경우에는 그 규약이 정하는 바에 따라 조합원의 자격이 가려져야 한다.[13]

---

9) 대법원 1993. 7. 27. 선고, 93다2926 판결; 대법원 1993. 11. 23. 선고, 93다1183 판결; 대법원 1994. 2. 25. 선고, 93도2755 판결.

10) 대법원 1993. 11. 23. 선고, 93다1183 판결.

11) 대법원 1994. 2. 25. 선고, 93도2755 판결; 대법원 1994. 2. 25. 선고, 93도2755 판결.

12) 대법원 1993. 9. 14. 선고, 92다55299 판결.

13) 대법원 1993. 9. 28. 선고, 93누9132 판결.

다. 조합원자격을 갖추어야 하는 시기

「주택법 시행령」 제38조 제1항에 의하면 주택조합의 조합원이 되기 위해서는 주택조합설립인가신청일 현재 조합원자격을 갖추어야 한다. 주택조합설립인가신청일 현재 조합원자격을 갖추지 않은 자가 있는 때에는 주택조합설립인가를 받기 어려울 것이다. 그러나 대법원판례는 적어도 주택조합설립인가가 되어 조합원이 될 때부터 무주택이어야 한다고 판시함으로써 조합원자격을 갖추어야 할 시기를 "주택조합설립인가신청일"이 아닌 "주택조합설립인가일"로 늦추고 있는데,[14] 이는 주택조합설립인가신청일 현재 조합원자격을 갖추지 못했더라도 주택조합설립인가일까지 조합원자격을 갖추게 된 경우에는 조합원으로 인정해야 한다는 취지로 보인다.

조합원자격을 입주시까지 유지해야 함은 물론이다.[15]

라. 조합원자격을 위반한 경우의 효과

주택조합 조합원의 자격을 정하고 있는 「주택법 시행령」 제38조 제1항을 위반한 행위를 반드시 무효라고 볼 수는 없으므로 이 규정은 효력규정이 아닌 단속규정으로 보아야 한다. 따라서 주택조합의 조합원자격이 없는 자가 조합원으로 가입한 경우 이것이 당연히 무효가 되는 것은 아니므로, 조합은 그 조합원을 탈퇴시키거나 제명해야 한다.

그러나 당사자가 통정(通情)해서 단속규정을 위반하는 행위를 한 경우 이는 선량한 풍속 기타 사회질서에 위반한 사항을 내용

14) 대법원 1993. 5. 14. 선고, 93도267 판결; 대법원 1993. 9. 28. 선고, 93누9132 판결; 대법원 1994. 1. 11. 선고, 93도2344 판결; 대법원 1994. 2. 25. 선고, 93도2755 판결.

15) 대법원 1993. 7. 27. 선고, 92다49027 판결; 대법원 1993. 7. 27. 선고, 93다2926 판결; 대법원 1993. 11. 23. 선고, 93다1183 판결; 대법원 1994. 2. 25. 선고, 93도2755 판결.

으로 하는 행위로 보아야 하므로, 조합원자격이 없는 자가 주택조합과 공모하여 조합원으로 가입한 경우 이는 통정해서 단속규정을 위반하기로 하는 사회질서에 반하는 사항을 내용으로 하는 법률행위로서 무효라 할 것이다. 주택조합이 무자격조합원을 제명하면서 제명의 효력과는 관계없이 무자격조합원에게 아파트를 임의분양하기로 한 약정도 마찬가지라 할 것이다.[16]

주택조합의 정관이 정한 자격요건을 갖추지 못한 조합원이지만 그 주택조합과의 사이에서 조합원 지위를 확인하는 판결이 확정됨으로써 주택조합의 적법한 조합원으로 확정되고, 그 주택조합의 조합아파트를 배정받은 경우, 그 조합아파트는 조합원의 소유로 확정된다.[17]

마. 주택조합의 조합원수

주택조합(리모델링주택조합은 제외)은 설립인가 당시의 사업계획서상 주택건설예정세대수의 1/2 이상의 조합원으로 구성하되, 조합원은 20명 이상이어야 한다(영 §37③).

바. 조합원의 모집

주택조합(리모델링주택조합은 제외)의 조합원이 아닌 자가 주택조합의 가입을 알선하면서 주택가격 외에 수수료 그 밖의 명목으로 금품을 받으면 2년 이하의 징역 또는 2,000만원(위반행위로 얻은 이익의 50%에 해당하는 금액이 2,000만원을 초과하는 자는 그 이익의 2배에 해당하는 금액) 이하의 벌금에 처한다(법 §97).

투기과열지구 안에서 설립인가를 받은 지역주택조합이 조합원을 선정하는 경우 신청서의 접수순서에 따라 조합원의 지위를 인정하면 안 된다(법 §32⑤).

16) 대법원 1993. 7. 27. 선고, 93다2926 판결.

17) 대법원 1999. 11. 9. 선고 99다34420 판결.

사. 조합원의 교체 또는 추가가입

지역주택조합 또는 직장주택조합은 설립인가를 받은 후에는 조합원을 교체하거나 신규로 가입하게 할 수 없다. 다만, 다음의 경우에는 설립인가를 받은 후에도 조합원을 교체하거나 신규로 가입하게 할 수 있다(영 §39①).

1) 조합원의 수가 설립인가 당시의 사업계획서상 주택건설예정세대수를 초과하지 않는 범위 안에서 시장·군수 또는 자치구청장으로부터 조합원추가모집의 승인을 받은 경우
2) 다음의 사유로 결원이 발생한 범위 안에서 충원하는 경우
   - 조합원의 사망
   - 사업계획승인 후 입주자로 선정된 지위(그 주택에 입주할 수 있는 권리·자격·지위 등을 말함)가 양도·증여·판결 등에 의해 변경된 경우(전매가 금지되는 경우는 제외)
   - 탈퇴 등으로 조합원이 20인 미만이 되는 경우
   - 조합원이 무자격자로 판명되어 조합원자격을 상실하는 경우

설립인가를 받은 후 추가로 모집되거나 충원되는 자는 조합설립인가일 현재 조합원자격을 갖추어야 한다. 다만, 조합원의 사망으로 조합원의 지위를 상속받은 자는 지역주택조합 또는 직장주택조합의 조합원자격을 갖추지 않아도 된다(영 §39②).

조합원추가모집의 승인과 조합원추가모집에 따른 주택조합의 변경인가신청은 사업계획승인신청일까지 해야 한다(영 §39③).

3. 주택조합의 설립

가. 조합설립인가 및 신고

다수의 구성원이 주택을 마련하거나 리모델링하기 위해 주택조

합을 설립하고자 하는 때에는 주택건설대지(리모델링주택조합의 경우에는 그 주택의 소재지)를 관할하는 시장·군수 또는 자치구청장의 인가를 받아야 한다. 인가받은 내용을 변경하거나 주택조합을 해산하고자 할 때에도 인가를 받아야 한다(법 §32①, 영 §37①).

그러나 국민주택을 공급받기 위해 직장주택조합을 설립하는 때에는 시장·군수 또는 자치구청장에게 신고하면 된다(법 §32③).

나. 조합설립인가신청

지역주택조합 및 직장주택조합의 설립인가를 받고자 하는 자는 인가신청서에 다음의 서류를 첨부해서 주택조합의 주택건설대지를 관할하는 시장·군수 또는 자치구청장에게 제출해야 한다. 이 경우 그 주택건설대지의 80% 이상의 토지에 대한 사용승낙서를 첨부해야 한다(영 §37①, 칙 §17③).

1) 창립총회의 회의록
2) 조합장선출동의서
3) 조합원 전원이 자필로 연명한 조합규약
4) 조합원 명부
5) 사업계획서
6) 고용자가 확인하는 근무확인서(직장주택조합의 경우에 한함)
7) 조합원 자격이 있는 자임을 확인하는 서류

리모델링주택조합의 설립인가를 받고자 하는 자는 인가신청서에 다음의 서류를 첨부해서 시장·군수 또는 자치구청장에게 제출해야 한다(영 §37①).

1) 창립총회의 회의록
2) 조합장선출동의서
3) 조합원 전원이 자필로 연명한 조합규약
4) 조합원 명부

5) 사업계획서
6) 구분소유자와 의결권의 각 2/3 이상의 결의를 증명하는 서류
7) 「건축법」에 의한 건축기준의 완화적용이 결정된 경우에는 이를 증명할 수 있는 서류
8) 그 주택이 사용검사를 받은 후 10년(증축에 해당하는 경우에는 15년. 다만, 15년 이상 20년 미만에서 특별시·광역시 또는 도의 조례가 따로 연수를 정하는 경우에는 그 연수) 이상 경과됐음을 증명하는 서류

리모델링주택조합의 설립에 동의한 자로부터 건축물을 취득한 자는 조합의 설립에 동의한 것으로 본다(영 §37④).

조합규약에는 다음 사항이 포함돼야 한다(영 §37②).

1) 조합의 명칭 및 소재지
2) 조합원의 자격에 관한 사항
3) 주택건설대지의 위치 및 면적
4) 조합원의 제명·탈퇴 및 교체에 관한 사항
5) 조합임원의 수·업무범위·보수·선임방법·변경 및 해임에 관한 사항
6) 조합원의 비용부담 시기·절차 및 조합의 회계
7) 사업의 시행시기 및 시행방법
8) 총회의 소집절차·소집시기 및 조합원의 총회소집요구에 관한 사항
9) 총회의 의결을 요하는 사항과 그 의결정족수 및 의결절차
10) 사업이 종결된 때의 청산절차, 청산금의 징수·지급방법 및 지급절차
11) 조합비의 사용내역과 총회의결사항의 공개 및 조합원에 대한 통지방법

12) 조합규약의 변경절차
13) 그 밖에 주택조합의 사업추진 및 조합의 운영을 위해 필요한 사항

사업계획서에는 조합주택건설예정세대수, 조합주택건설예정지의 지번·지목·등기명의자, 도시관리계획상의 용도, 대지 및 주변현황을 기재해야 한다(칙 §17②).

다. 인가 또는 인가의 거부

시장·군수 또는 자치구청장은 주택건설대지에 관한 다음 사항을 종합적으로 검토해서 주택조합의 설립인가 여부를 결정해야 하며, 그 주택건설대지가 이미 인가를 받은 다른 주택조합의 주택건설대지와 중복되지 않도록 해야 한다(영 §37⑤).

1) 주택건설을 위한 건축심의기준
2) 이미 수립되었거나 주택건설사업기간 중에 수립될 예정인 도시계획에의 부합 여부
3) 이미 수립되어 있는 토지이용계획
4) 주택건설대지 중 토지사용승낙서를 확보하지 못한 토지가 있는 경우 그 토지의 위치가 사업계획서상의 사업시행에 지장을 초래할 우려가 있는지 여부

주택법령에는 주택조합설립인가신청을 거부할 수 있는 사유가 규정되어 있지 않다. 그러나 주택조합의 사업내용이 관계 법령의 규정에 위배되거나 사회질서를 해칠 우려가 있음이 명백한 때에는 법규에 명문의 근거가 없더라도 설립인가를 거부할 수 있다.[18)]

라. 조합설립인가의 취소

주택조합 또는 그 조합원이 주택법령이나 이에 의한 처분에 위

---

18) 대법원 1995. 12. 12. 선고, 94누12302 판결.

반한 때에는 시장·군수 또는 자치구청장은 설립인가를 취소할 수 있다. 이 경우 미리 청문을 실시해야 한다(법 §34②, §93).

마. 조합설립인가의 법적 성질

주택조합의 설립 및 해산과 인가내용의 변경에 관한 인가는 그 대상이 되는 기본행위를 보충해서 법률상 효력을 완성시키는 보충행위이다. 이러한 인가의 유무에 따라 기본행위의 효력이 문제되는 것은 「주택법」과 관련한 공법상의 관계에서이지 주택조합과 조합원, 또는 조합원들 사이의 내부적인 사법관계에까지 영향을 미치는 것은 아니다.

설립인가를 받아야 함에도 불구하고 설립인가를 받지 않은 채 주택조합을 설립한 결과 그 조합이 「주택법」의 적용을 받지 못하게 되더라도 이로써 그 조합의 단체로서의 실체가 변하는 것은 아니므로, 그 규약이나 정관에 따라 조합원의 자격을 취득한 조합원으로서는 인가 여부와는 관계없이 조합에 대해 조합원의 권리를 행사할 수 있다. 이와 마찬가지로 주택조합의 설립행위에 대해서는 인가를 받았으나 조합원의 변동에 대해서는 인가를 받지 못한 경우에도 변동된 새 조합원은 인가 여부와 관계없이 조합에 대해 조합원으로서의 권리를 행사할 수 있다.[19]

주택조합의 조합장 명의변경에 대한 시장·군수 또는 자치구청장의 인가는 종전의 조합장이 그 지위에서 물러나고 새로운 조합장이 그 지위에 취임함을 내용으로 하는 주택조합의 조합장 명의변경 행위를 보충해서 그 법률상의 효력을 완성시키는 보충적 행정행위로서 성질상 기본행위인 주택조합의 조합장 명의변경 행위를 떠나 인가처분 자체만으로는 법률상 아무런 효력도 발생할 수 없다.[20]

---

19) 대법원 2002. 3. 11. 선고, 2002그12 결정.

20) 대법원 1995. 12. 12. 선고, 95누7338 판결.

위법한 행정처분의 취소를 구하는 소는 위법한 처분에 의해 발생한 위법상태를 원상으로 회복시키고 그 처분으로 침해되거나 방해받은 권리와 이익을 보호구제하고자 하는 소송이므로, 비록 그 위법한 처분을 취소한다 하더라도 원상회복이 불가능한 경우에는 그 취소를 구할 이익이 없다. 직장주택조합의 일부 조합원들이 조합원 지위 회복을 위해 행정청의 조합원자격박탈지시처분의 취소소송을 제기한 사안에서, 그 조합원들은 행정청의 주택조합에 대한 조합원자격박탈지시처분에 의해 조합원 자격을 상실한 것이 아니라 그 처분 후 조합원 자격의 부여 및 박탈에 관한 정당한 권한을 가진 조합이 임시총회에서 정관에 따라 조합원들을 제명하고 그 뒤 행정청으로부터 조합원 변경을 이유로 조합설립 변경인가를 받음으로써 조합원의 자격을 상실하게 되었다 할 것이므로, 그 조합원들은 행정청의 처분에 대한 취소소송에서 승소한다 하더라도 그 조합의 조합원으로서의 지위를 회복할 수 있는 것은 아니라 할 것이어서 그 취소를 구할 법률상 이익이 없다.[21)]

4. 주택조합의 법적 지위

무주택 주민들이 조합원이 되어 조합원들의 공동주택을 건립하기 위해 설립한 지역조합인 주택조합은 비록 조합이라는 명칭을 사용하지만, 공동주택건설사업이라는 단체 고유의 목적을 가지고 활동하고 있고, 사단적 성격을 가지는 규약을 만들어 이에 근거해서 의사결정기관인 총회와 운영위원회 및 집행기관인 대표자를 두는 등의 조직을 갖추고 있고, 의결이나 업무집행방법이 총회의 다수결의 원칙에 따라 행해지며, 구성원의 가입·탈퇴에 따른 변경에 관계없이 단체 그 자체가 존속하는 등 단체로서의 주요사항

---

21) 대법원 1994. 10. 25. 선고, 94누5403 판결.

이 확정되어 있다면, 이는 그 명칭에 불구하고 「민법」상의 조합이 아닌 "법인격이 없는 사단(社團)"에 해당한다.[22] 이는 설립인가를 받지 못한 주택조합의 경우에도 마찬가지이다.[23]

법인이 아닌 사단에 대해서는 「민법」의 사단법인에 관한 규정 중 법인격을 전제로 하는 것을 제외하고는 이를 유추적용한다.

「민법」 제40조(사단법인의 정관) · 제58조(이사의 사무집행) 및 제68조(총회의 권한)에 의하면 법인의 경우 정관의 규정에 따라 이사의 임면이나 수인의 이사의 사무집행이 이루어지며, 총회의 권한을 정관에 의해 이사 또는 기타 임원에게 위임할 수 있다. 주택조합에서 최초 임원은 총회에서 선출하되, 결원 임원은 임원회의 추천을 받아 조합장이 임명하고, 임원으로 구성된 운영위원회에서의 결의는 총회 결의와 동일한 효력을 가지도록 하는 내용을 규약으로 정한 경우, 그 규약에 정한 바에 따른 조합장에 의한 결원임원의 임명 및 총회권한의 운영위원회에의 위임이 사단성(社團性)의 본질에 반하는 것으로 볼 수 없다.[24]

「민법」 제62조(이사의 대리인선임)에 의하면 이사는 정관 또는 총회의 결의로 금지하지 않은 사항에 한해 타인으로 하여금 특정한 행위를 대리하게 할 수 있다. 따라서 법인이 아닌 사단의 대표자가 행한 타인에 대한 업무의 포괄적 위임과 그에 따른 포괄적 수임인의 대행행위는 「민법」 제62조의 규정에 위반된 것이어서 법인이 아닌 사단에 대해서는 그 효력이 미치지 않는다.[25] 예컨대, 주택조합 가입자가 주택조합 조합장으로부터 조합장의 업

22) 대법원 1994. 6. 28. 선고, 92다36052 판결; 대법원 1997. 1. 24. 선고, 96다39721, 39738 판결; 대법원 2000. 7. 7. 선고, 2000다18271 판결; 대법원 2003. 7. 11. 선고, 2001다73626 판결.

23) 대법원 1998. 8. 21. 선고, 96누10379 판결.

24) 대법원 1997. 1. 24. 선고, 96다39721, 39738 판결.

25) 대법원 1996. 9. 6. 선고, 94다18522 판결.

무를 포괄적으로 위임받은 수임인과 주택조합의 조합원으로 가입하는 계약을 체결하고, 그 주택조합의 조합장을 통해 포괄적 수임인에게 부담금을 납부하고 주택조합의 조합장 명의로 된 조합원 인증서를 교부받았다고 하더라도 주택조합의 조합원으로서의 자격을 얻었다고 볼 수 없다.[26)]

주택조합이 주체가 되어 신축 완공한 건물로서 일반에게 분양되는 부분은 조합원 전원의 총유에 속하며, 총유물의 관리 및 처분에 관해 주택조합의 정관이나 규약에 정한 바가 있으면 이에 따라야 하고, 그에 관한 정관이나 규약이 없으면 조합원 총회의 결의에 의해야 할 것이며, 그와 같은 절차를 거치지 않은 행위는 무효이다. 예컨대, 주택조합 조합원의 총유에 속하는 건물의 처분에 관해 아무런 정함이 없는데도 조합장이 적법한 총회 결의를 거치지 않고 체결한 분양계약은 무효이다.[27)] 이러한 법리는 주택조합이 대표자의 이름으로 소송행위를 하는 경우에도 마찬가지이다.[28)]

주택조합이 그 조합주택의 신축으로 인한 취득세 납세의무가 있다 해서 그 취득세를 과세관청에 자진신고납부 했으나 그 납세의무의 확정력을 인정할 수 없는 사유가 있어 그 납부액이 부당이득에 해당한다 해서 민사소송에 의해 그 반환을 청구하는 경우 그 청구권자는 납부자인 주택조합이고, 설사 그 납부된 세액의 실제 출연자가 조합원 또는 조합주택을 일반분양 받은 사람이라고 하더라도 이는 주택조합과 그 조합원 또는 일반분양자 사이의 내부관계에 불과해 이들이 직접 그 반환을 구할 수 없다.[29)]

---

26) 대법원 1996. 9. 6. 선고, 94다18522 판결.
27) 대법원 2003. 7. 11. 선고, 2001다73626 판결.
28) 대법원 1994. 4. 26. 선고, 93다51591 판결.
29) 대법원 1995. 2. 3. 선고, 93다23862 판결.

가. 조합의 채권·채무

조합에 대한 채무자는 그 채무와 조합원에 대한 채권으로 상계할 수는 없는 것이므로(민법 제715조), 조합으로부터 부동산을 매수해서 잔금채무를 지고 있는 자가 조합원 중의 1인에 대해 개인채권을 가지고 있더라도 그 채권과 조합과의 매매계약으로 인한 잔금채무를 서로 상계할 수 없다.[30]

조합의 채무는 조합원의 채무로서 특별한 사정이 없는 한 조합채권자는 각 조합원에 대해 지분의 비율에 따라 또는 균일적으로 변제의 청구를 할 수 있고, 조합채무가 특히 조합원 전원을 위해 상행위가 되는 행위로 인해 부담하게 된 것이라면 「상법」 제57조 제1항을 적용해서 조합원들의 연대책임을 인정함이 상당하다.[31]

주택조합이 조합원으로부터 받은 아파트 분양대금으로 취득한 토지의 가치상승으로 인한 소득에 대한 양도소득세는 그 소득의 실질적인 귀속자인 조합원에게 과세해야 하므로, 조합아파트의 양도로 인해 귀속되는 양도차익을 계산하는 경우 대지권의 목적인 토지의 취득가액은 주택조합이 그 토지를 취득한 시기를 기준으로 산정해야 한다.[32]

나. 연합주택조합

개별 주택조합의 규모가 영세해서 각 조합이 단독으로 주택건설사업을 추진하기 어려워 공동으로 주택건설사업을 추진하기 위해 개별 주택조합들이 연합해서 연합주택조합을 결성하기도 하는데, 이 연합주택조합 그 자체는 주택조합이 아니다.[33] 연합주택조합은 수개의 주택조합의 단순한 업무집행기관으로 볼 수는 없고

30) 대법원 1998. 3. 13. 선고, 97다6919 판결.
31) 대법원 1998. 3. 13. 선고, 97다6919 판결.
32) 대법원 1999. 5. 28. 선고, 97누13863 판결.
33) 대법원 1999. 12. 24. 선고, 97누3569 판결.

독립한 비법인 사단으로서 아파트 분양계약에 관한 당사자로서의 지위를 가진다. 그리고 개별 주택조합이 연합주택조합에게 아파트의 건축, 조합원분 아파트의 배정, 비조합원분 아파트의 분양 등 일체의 업무를 담당하도록 한 경우 연합주택조합은 분양계약을 체결함에 있어서 당사자 본인으로서의 지위를 가짐과 동시에 보존등기명의자가 될 개별 주택조합의 대리인으로서의 지위도 함께 가진다.[34] 따라서 연합주택조합과 분양계약을 체결한 자는 개별 주택조합에 대해서도 특별한 사정이 없는 한 분양계약의 효력을 주장할 수 있다.[35]

연합주택조합은 독립된 비법인 사단이므로 일반인에게 분양할 임의분양분 아파트는 연합주택조합 조합원 전원의 총유에 속한다. 총유물인 임의분양분 아파트의 관리 및 처분에 관해 조합의 정관이나 규약에 정한 바가 있으면 이에 따라야 하고, 조합의 정관이나 규약에 정한 바가 없으면 조합원 총회의 결의에 의해야 한다. 이러한 절차를 거치지 않고 연합주택조합의 대표가 임의분양분 아파트를 처분한 경우 이는 무효이다.[36]

5. 조합의 업무

가. 사업계획승인신청

주택조합은 설립인가를 받은 날부터 2년 이내에 사업계획승인(리모델링주택조합의 경우에는 리모델링허가)을 신청해야 한다(영 §40①).

---

34) 대법원 2002. 9. 10. 선고, 2000다96 판결; 대법원 2003. 5. 13. 선고, 2000다50688 판결.

35) 대법원 2002. 9. 10. 선고, 2000다96 판결.

36) 대법원 2002. 9. 10. 선고, 2000다96 판결.

나. 등록사업자의 소유토지의 사용제한

주택조합은 등록사업자가 소유하고 있는 토지를 주택건설대지로 사용하면 안 된다. 다만, 경매 또는 공매를 통해 등록사업자의 토지를 내입하는 경우에는 예외로 한다(영 §40②).

다. 업무의 대행

주택조합은 공동사업주체인 등록사업자에게 조합의 업무(주택조합 가입을 알선하는 업무는 제외)를 대행하게 할 수 있다(영 §37⑥).

라. 회계감사

주택조합은 다음의 2회에 걸쳐 회계법인이나 공인회계사로 구성된 감사인의 회계감사를 받아야 한다(법 §34③, 영 §42①).

1) 사업계획승인(리모델링조합의 경우에는 리모델링허가)을 받은 날부터 3월이 경과한 날부터 30일 이내
2) 사용검사 또는 임시사용승인을 신청한 날부터 30일 이내

이 회계감사에 대해서는 「주식회사의 외부감사에 관한 법률」 제5조[37]에 의한 감사기준을 적용한다(영 §42③).

회계감사를 실시한 자는 회계감사종료일부터 15일 이내에 회계감사결과를 관할 시장·군수 또는 자치구청장과 그 주택조합에 통보해야 한다. 관할 시장·군수 또는 자치구청장은 회계감사결과의 내용을 검토해서 위법 또는 부당한 사항이 있다고 인정되는 때에는 그 내용을 그 주택조합에 통보하고 시정을 요구할 수 있다(법 §34③, 영 §42④⑤).

---

37) 주식회사의 외부감사에 관한 법률

제5조(회계감사기준) ① 감사인은 일반적으로 공정·타당하다고 인정되는 회계감사기준에 따라 감사를 실시해야 한다.

② 제1항의 회계감사기준은 감사인의 독립성 유지와 재무제표의 신뢰성 유지에 필요한 사항 등을 대통령령이 정하는 바에 따라 한국공인회계사회가 정하되, 금융감독위원회의 사전승인을 얻어야 한다.

주택조합은 회계감사결과를 관할 시장·군수 또는 자치구청장에게 보고하고, 인터넷에 게재하는 등 그 조합원이 열람할 수 있도록 해야 한다(법 §34③).

제3절 주택건설기준 등

1. 주택건설기준 등

사업주체가 건설·공급하는 주택의 건설 등에 관한 다음의 기준은 대통령령으로 정한다. 이 중 주택의 규모 및 규모별 건설비율은 「주택법 시행령」에 규정되어 있고, 나머지 기준은 「주택건설기준 등에 관한 규정」에 규정되어 있다(법 §21①, 영 §22).

1) 주택의 배치, 세대간 경계벽, 구조내력 등에 관한 주택건설기준
2) 부대시설의 설치기준
3) 복리시설의 설치기준
4) 주택의 규모 및 규모별 건설비율
5) 대지조성기준

지방자치단체는 그 지역의 특성, 주택의 규모 등을 감안해서 「주택건설기준 등에 관한 규정」이 정하는 범위 안에서 조례로 구체적인 기준을 정할 수 있다(법 §21②).

사업주체는 「주택건설기준 등에 관한 규정」과 이에 의한 조례가 정하는 기준에 따라 주택건설사업 또는 대지조성사업을 시행해야 한다(법 §21③).

2. 주택의 규모별 건설비율

건설교통부장관은 주택수급의 적정을 기하기 위해 필요한 때에는 사업주체가 건설하는 주택에 대해 단위사업계획별로 75%(주택조합 또는 고용자가 건설하는 주택의 경우에는 100%) 이하의 범위 안에서 일정비율 이상을 국민주택규모로 건설하게 할 수 있다(영 §21④⑤).

주택의 규모별 건설비율은 「주택조합 등에 대한 주택규모별 공급비율에 관한 지침」(2003. 12. 29. 주택 제58500-3891호)에 규정되어 있는데, 그 내용은 다음과 같다.

1) 민영주택의 규모별 건설비율: 사업주체가 과밀억제권역에서 사업자 보유택지[38]에 건설하는 300세대 이상의 주택에 대해서는 전체 건설호수의 20% 이상을 전용면적 60㎡ 이하로 건설해야 한다. 다만, 특별시장·광역시장 및 도지사는 지역별로 5%의 범위 안에서 건설비율을 조정할 수 있다.
2) 직장조합·지역조합 등의 규모별 건설비율: 직장조합·지역조합 및 고용자가 건설하는 주택 중 그 조합원 및 종업원에게 공급되는 주택에 대해서는 국민주택규모 이하로 건설해야 한다.
3) 규모별 건설비율의 적용 유예: 특별시장·광역시장 및 도지사는 미분양 누적 등의 사유로 인해 일정기간 동안 규모별 건설비율을 적용하지 않고자 할 경우에는 건설교통부장관의 승인을 얻어 일정기간 동안 규모별 건설비율을 적용하지 않을 수 있다.

---

38) "사업자 보유택지"는 사업주체가 국가, 지방자치단체와 한국토지공사, 대한주택공사 등 공공기관이 「주택법」, 「택지개발촉진법」, 「도시개발법」 및 기타 법률에 의해 개발·공급하는 택지 외의 방법으로 취득 또는 보유하고 있는 택지를 말한다.

제4절 리모델링

1. 리모델링

「건축법」상의 리모델링은 "건축물의 노후화 억제 또는 기능향상 등을 위해 대수선 또는 일부 증축하는 행위"를 말하며, 「도시 및 주거환경 정비법」상의 리모델링은 "건축물의 노후화 억제 또는 기능향상 등을 위해 증축·개축 또는 대수선을 하는 행위"를 말한다(건축법 §2, 도시 및 주거환경 정비법 §33①).

「주택법」의 리모델링은 "건축물의 노후화 억제·기능향상 등을 위한 다음의 행위"를 말한다(법 §2, 영 §4의2). 「주택법」의 리모델링은 「건축법」이나 「도시 및 주거환경 정비법」상의 리모델링에 비해 그 범위가 좁다.

1) 사용검사일 또는 「건축법」에 의한 사용승인일부터 15년(15년 이상 20년 미만의 범위 안에서 특별시·광역시 또는 도의 조례가 정하는 경우에는 그 연수)이 경과된 공동주택을 각 세대의 주거전용면적(집합건축물대장의 전유부분의 면적)의 30% 이내에서 증축하는 행위
2) 대수선

리모델링이 용이한 구조로 공동주택을 건축하는 경우에는 「건축법」 제48조·제51조 및 제53조의 규정에 의한 기준을 1.2배의 범위 안에서 완화해서 적용할 수 있다(건축법 §5의4, 동법 시행령 §6의3②).

사용승인을 얻은 후 20년 이상의 기간이 경과된 건축물로서 「주택법」에 의해 리모델링을 하는 건축물의 건축 등을 위한 설계는 건축사가 아니면 이를 할 수 없다(건축법 §19①).

사용승인을 얻은 후 20년 이상 경과된 건축물을 리모델링하는 경우에는 「건축법」 제32조(대지 안의 조경), 제36조(건축선의 지정), 제47조(건폐율), 제48조(용적률), 제51조(건축물의 높이제한), 제53조(일조 등의 확보를 위한 높이제한) 및 제67조(공개공지 등의 확보)에 의한 기준을 완화적용할 수 있다. 이 경우 건축허가권자는 완화여부 및 적용범위를 결정할 때에는 다음의 기준을 준수해야 한다(건축법 §5①, 동법 시행령 §6①②).

1) 공공의 이익을 저해하지 않고, 주변의 대지 및 건축물에 지나친 불이익을 주지 않을 것
2) 도시의 미관이나 환경을 지나치게 저해하지 않을 것
3) 증축은 기능향상 등을 고려해서 건설교통부령이 정하는 규모 및 범위 이내에서 할 것
4) 공동주택의 리모델링은 세대수를 증가시키거나 복리시설을 분양하기 위한 것이 아닐 것

또한 경관지구·미관지구 또는 고도지구 안에서 「건축법 시행령」 제6조 제1항 제5호의 규정에 의한 리모델링이 필요한 건축물에 대해서는 건축물의 높이·규모 등의 제한을 완화해서 적용할 수 있다(「국토의 계획 및 이용에 관한 법률 시행령」 §83②).

2. 리모델링에 따른 특례

리모델링에 의해 전유부분의 면적이 증감하는 경우에는 「집합건물의 소유 및 관리에 관한 법률」 제12조[39] 및 제20조 제1항[40]

---

39) 집합건물의 소유 및 관리에 관한 법률 제12조(공유자의 지분권)
① 각 공유자의 지분은 그가 가지는 전유부분의 면적의 비율에 의한다.
② 제1항의 경우 일부공용부분으로서 면적이 있는 것이 있을 때에는 그 공용부분의 면적은 이를 공용하는 구분소유자의 전유부분의 면적의 비율에 따라 배분해서 이를 각 구분소유자의 전유부분의 면적에 산입한다.

40) 집합건물의 소유 및 관리에 관한 법률

에 불구하고 대지사용권은 변하지 않은 것으로 본다. 리모델링에 의해 일부 공용부분의 면적을 전유부분의 면적으로 변경한 경우에는 「집합건물의 소유 및 관리에 관한 법률」 제12조 및 제20조 제1항에 불구하고 그 소유자의 나머지 공용부분의 면적은 변하지 않은 것으로 본다. 다만, 대지사용권 및 공용부분의 면적에 대해 「집합건물의 소유 및 관리에 관한 법률」에 의한 규약으로 달리 정한 경우에는 그 규약에 의한다(법 §48①②③).

10층 이상인 건축물의 리모델링공사에 대해서는 안전관리계획을 수립해야 한다(건설기술관리법 시행령 §46의2①).

제5절 사업계획의 승인

1. 사업계획승인의 대상

다음의 주택건설사업 또는 대지조성사업을 시행하고자 하는 자는 사업계획을 작성해서 특별시장·광역시장 또는 도지사의 승인을 받아야 한다(법 §16①, 영 §15①).

1) 주택건설사업: 20호 또는 20세대 이상의 주택을 건설하는 경우
2) 대지조성사업: 1만㎡ 이상의 대지를 조성하는 경우

사업계획은 쾌적하고 문화적인 주거생활을 영위하는 데에 적합하도록 작성돼야 하며, 사업계획에는 부대시설 및 복리시설의 설치에 관한 계획이 포함돼야 한다(법 §16④).

제20조(전유부분과 대지사용권의 일체성)
① 구분소유자의 대지사용권은 그가 가지는 전유부분의 처분에 따른다.
②～④ (생략).

다만, 다음의 경우에는 건설교통부장관의 승인을 받아야 한다(법 §16①, 영 §15④).

1) 국가·대한주택공사 또는 한국토지공사가 시행하는 경우
2) 330만㎡ 이상의 규모로 택지개발사업 또는 도시개발사업을 추진하는 지역 중 건설교통부장관이 지정·고시하는 지역에서 주택건설사업을 시행하는 경우
3) 수도권 또는 광역시 지역의 긴급한 주택난 해소가 필요하거나 지역균형개발 또는 광역적 차원의 조정이 필요해서 건설교통부장관이 지정·고시하는 지역에서 주택건설사업을 시행하는 경우

동일한 사업주체(「건축법」에 의한 건축주를 포함함)가 일단의 주택단지를 여러 공구로 분할해서 주택을 건설하는 경우에는 전체 공구의 주택건설 호수 또는 세대수를 주택건설규모로 산정한다. 이 경우 주택의 건설기준, 부대시설 및 복리시설의 설치기준과 대지의 조성기준의 적용에 있어서는 전체 공구를 하나의 대지로 본다(영 §15③). 이는 실질적으로는 하나인 주택건설사업을 임의로 여러 개로 나누어 실시함으로써 사업계획승인을 받지 않는 사례를 방지하고자 하는 것이므로 사업명의자가 형식상은 다를지라도 실질상은 일단의 공동주택을 함께 건설하면서 단지 사업계획승인을 받지 않기 위해 이를 달리 한 것임이 명백한 경우에도 적용된다.[41]

다음의 주택건설사업은 사업계획승인을 받지 않고도 시행할 수 있다(법 §16①, 영 §15②).

1) 상업지역(유통상업지역은 제외) 또는 준주거지역 안에서 300세대 미만의 주택과 주택이 아닌 시설을 다음의 요건에 적합하게 동일건축물로 건축하는 경우[42]

41) 대법원 1994. 12. 22. 선고, 93누2483 판결.

42) 이를 일반적으로 주상복합건축물이라 하는데, 1982년 개정된 「주택건설촉

• 1세대당 규모가 공동주택의 단위규모(세대당 297㎡ 이하)에 적합할 것
• 주택연면적의 합계가 건축물연면적의 90% 미만일 것

2) 농어촌주거환경개선사업 중 농업협동조합중앙회가 조달하는 자금으로 시행하는 사업

사업계획승인을 받지 않고 사업을 시행하는 자는 2년 이하의 징역 또는 2,000만원 이하의 벌금에 처한다(법 §97). 여기의 "사업의 시행"은 주택건설공사 또는 대지조성공사와 이와 직접 관련이 있는 행위를 의미한다.[43] 따라서 다음의 행위는 사업계획승인 없이 주택건설사업을 시행한 경우에 해당하지 않는다.

1) 주택조합의 설립을 목적으로 주택조합원이 되고자 하는 사람들을 모집하거나 그들로부터 주택건설 부지를 매수하기 위한 청약금·중도금 등의 명목으로 금원을 수령한 행위와 이러한 금원 외에 프리미엄을 받는 행위[44]
2) 직장주택조합 관계자들이 조합주택의 건축공사에는 착수하지 않은 상태에서 조합원 아닌 자에게 장차 건설될 조합주택 1채를 사전분양하기로 약정하고 분양대금 일부를 교부받은 행위[45]

진법 시행령」에 의해 주상복합건축물이 사업계획승인의 대상이 되었다. 이때에는 사업계획승인을 받아야 하는 범위를 "상업지역 안에서 주택 이외의 시설과 주택을 동일건축물로 건축하는 경우로서 그 건축물의 연면적에 대한 주택면적의 합계의 비율이 50% 이상인 때에는 20세대 이상, 그 비율이 50% 미만인 때에는 100세대 이상인 경우"로 하였는데, 그 후 점차 사업계획승인을 받아야 하는 주상복합건축물의 범위가 축소되어 왔다.

43) 대법원 1992. 1. 17. 선고, 91도2607 판결.
44) 대법원 1991. 6. 25. 선고, 91도640 판결.
45) 대법원 1992. 1. 17. 선고, 91도2607 판결.

2. 대지소유권의 확보

주택건설사업계획의 승인을 받고자 하는 자는 그 주택건설대지의 소유권을 확보해야 한다. 다만, 다음의 경우에는 소유권을 확보하지 않아도 된다(법 §16②).

1) 지구단위계획의 결정(사업계획승인에 의해 의제되는 경우를 포함함)이 필요한 주택건설사업으로서 그 대지면적의 80% 이상을 사용할 수 있는 권원을 확보한 경우
2) 사업주체가 주택건설대지의 소유권을 확보하지 못했으나 그 대지를 사용할 수 있는 권원을 확보한 경우
3) 국가·지방자치단체·대한주택공사 또는 지방공사가 주택건설사업을 하는 경우

3. 사업계획승인절차

사업주체가 사업계획승인을 신청하는 때에는 신청서에 주택과 부대시설 및 복리시설의 배치도, 대지조성공사설계도서 등을 첨부해서 사업계획승인권자에게 제출해야 한다(법 §16①).

사업계획승인권자는 정당한 사유가 없는 한 사업계획승인신청을 받은 날부터 60일 이내에 사업주체에게 승인 여부를 통보해야 한다(법 §17①). 사업계획승인신청의 처리기간에 관한 규정은 가능한 한 조속히 그 승인사무를 처리하도록 정한 훈시규정에 불과할 뿐 강행규정이나 효력규정이 아니므로, 사업계획승인권자가 그 기간을 경과해서 주택건설사업승인 거부처분을 했다고 해서 그 거부처분이 위법하다고 할 수 없다.[46]

사업계획승인권자는 사업계획을 승인한 때에는 이를 고시해야

46) 대법원 1996. 8. 20. 선고, 95누10877 판결.

하며, 사업계획승인서 및 관계서류의 사본을 관할 시장·군수 또는 자치구청장에게 송부해야 한다(법 §16⑥).

4. 사업계획의 변경승인

승인받은 사업계획을 변경하는 때에도 승인을 받아야 한다. 그러나 경미한 사항의 변경인 경우에는 먼저 변경한 후 사업계획승인권자에게 통보하면 된다(법 §16③, 칙 §11④⑤).

사업계획승인권자는 사업주체가 입주자모집공고를 한 후(주택조합 또는 고용자가 사업주체인 경우에는 사업계획승인을 받은 후)에는 다음의 사업계획변경을 승인하면 안 된다. 다만, 사업주체가 입주예정자에게 사업계획의 변경에 관한 사항을 통보해서 입주예정자 4/5 이상의 동의를 받은 경우에는 사업계획변경을 승인할 수 있다(칙 §11③).

1) 주택(공급계약이 체결된 주택에 한함)의 공급가격에 변경을 초래하는 사업비의 증액
2) 호당 또는 세대당 주택공급면적 및 대지지분의 변경. 다만, 다음의 경우는 제외한다.
   - 호당 또는 세대당 공용면적(복도·계단·현관 등 공동주택의 지상층에 있는 공용면적을 말함) 또는 대지지분의 2% 이내의 증감
   - 입주예정자가 없는 동(棟)단위 공동주택의 세대당 주택공급면적의 변경

주택조합의 조합원구성은 사업계획승인의 내용에 포함되므로 조합설립인가시의 조합원 중에 무자격자가 있거나 변동사항이 있으면 그에 따라 주택조합설립변경인가를 받음과 아울러 사업계획변경승인을 받아야 한다. 변경인가 및 변경승인을 받지 못하면

그 사업으로 건설한 건축물에 대한 사용검사신청은 받아들일 수 없다.[47)]

「주택법」에는 사업주체의 변경절차가 규정되어 있지 않은데, 실무에서는 사업주체의 변경을 사업계획내용의 변경으로 보아 사업계획변경승인절차에 의해 해결하고 있다. 이에 의하면 사업주체가 주택건설사업 또는 대지조성사업을 시행하다가 다른 자로 하여금 그 사업을 시행시키고자 하는 경우에는 사업계획변경승인을 받아야 한다. 사업계획변경승인을 신청하는 전단계로 사업주체가 시행중인 주택건설사업을 타인에게 양도하기로 계약을 체결한 것만으로는 주무관청의 승인 없이 주택건설사업계획을 변경한 것이라고 볼 수 없다.[48)] 사업주체변경의 승인은 그로 인해 사업주체의 변경이라는 공법상의 효과가 발생하는 것이므로, 사실상 또는 사법(私法)상으로 주택건설사업 등이 양도·양수됐을지라도 아직 변경승인을 받기 이전에는 그 사업계획의 피승인자는 양수인이 아니라 여전히 종전의 사업주체인 양도인이다. 사업계획승인취소처분 등의 사유가 있는지 여부와 취소사유가 있다고 해서 행하는 취소처분은 피승인자인 양도인을 기준으로 판단해서 그 양도인에 대해 행해져야 한다.[49)] 이 경우 행정청이 주택건설사업의 양수인에 대해 양도인에 대한 사업계획승인을 취소했다는 사실을 통지한 것만으로는 양수인의 법률상 지위에 어떠한 변동을 일으키는 것은 아니므로 이 통지는 항고소송의 대상이 되는 행정처분이라고 할 수는 없다.[50)]

---

47) 대법원 1993. 9. 28. 선고, 93누9132 판결; 대법원 1994. 5. 24. 선고, 93누21767 판결; 대법원 1994. 11. 18. 선고, 94누835 판결.

48) 대법원 1986. 9. 9. 선고, 85도218 판결

49) 대법원 1998. 5. 8. 선고, 97누7875 판결; 대법원 2000. 9. 26. 선고, 99두646 판결.

50) 대법원 2000. 9. 26. 선고, 99두646 판결.

사업주체변경을 내용으로 하는 사업계획변경승인을 받은 경우 새로운 사업주체가 종전 사업주체의 공법(公法)상의 권리의무를 승계하는 것은 별문제로 하고 종전 사업주체가 제3자에 대해 부담하고 있는 사법(私法)상의 권리의무를 당연히 승계하지는 않는다.[51]

사업주체의 변경승인신청은 양수인이 단독으로 할 수 있고 위 변경승인은 실질적으로 양수인에 대해 종전에 승인된 사업계획과 동일한 사업계획을 새로이 승인해 주는 행위라 할 것이므로, 사업주체의 변경승인신청이 된 이후에 행정청이 양도인에 대해 그 사업계획변경승인의 전제로 되는 사업계획승인을 취소하는 처분을 했다면 양수인은 그 처분 이전에 양도인으로부터 토지와 사업승인권을 사실상 양수받아 사업주체의 변경승인신청을 한 자로서 그 취소를 구할 법률상의 이익을 가진다.[52]

5. 사업계획승인신청의 거부

사업계획승인은 상대방에게 권리나 이익을 부여하는 효과를 수반하는 이른바 수익적 행정처분으로서 법령에 그 요건에 관해 일의적으로 규정되어 있지 않은 이상 승인권자의 재량에 속한다.[53] 따라서 사업계획이 관계 법령에서 정하는 제한사유에 해당되는 경우는 물론, 법령상의 제한사유가 없더라도 국토 및 자연의 유지와 환경보전 등 공익상 필요가 있는 경우에는 사업계획승인을 거부할 수 있다.[54]

---

51) 대법원 2002. 10. 22. 선고, 2002다45376 판결.

52) 대법원 2000. 9. 26. 선고, 99두646 판결.

53) 대법원 1996. 10. 11. 선고, 95누9020 판결; 대법원 1997. 3. 14. 선고, 96누16698 판결; 대법원 1997. 9. 5. 선고, 96누10256 판결; 대법원 1997. 10. 24. 선고, 96누12917 판결; 대법원 1997. 12. 9. 선고, 97누4999 판결; 대법원 2002. 6. 14. 선고, 2000두10663 판결.

54) 대법원 2005. 4. 15. 선고, 2004두10883 판결; 2007. 5. 10. 선고, 2005두

이러한 취지에서 사업계획승인거부가 적정하다고 인정된 사례는 다음과 같다.

1) 주거지역에 위치한 토지에 대해 사업계획승인을 신청한 경우, 「국토의 계획 및 이용에 관한 법률」상 그 토지에 대한 특별한 제한규정을 두고 있지 않고, 또한 그 토지를 포함한 인근 일대 토지에 대해 도시관리계획상 도시계획사업 및 도시계획시설결정이 계획중에 있을 뿐 그 계획 자체가 아직 확정되지 않았더라도, 행정청으로서는 반드시 그 대지조성사업계획을 승인해야 하는 것은 아니고, 일정한 절차를 통해 그 토지에 대한 대지조성사업계획을 심사한 다음 아직 확정되지 않은 도시관리계획을 내세워 대지조성사업계획의 승인을 거부하더라도 그것이 재량권을 남용하거나 그 범위를 일탈하지 않는 한 위법하다고 할 수 없다.[55]

2) 토지가 개발제한구역 안의 야산 자락에 자리잡고 있어 고층아파트단지로보다는 소규모 주택단지로 개발함이 주위 환경이나 경관과의 조화를 이룰 수 있고, 개설 중인 인접 우회도로에서의 조망을 확보할 수 있으며, 주택회사가 사전결정을 신청하기 이전부터 도시계획전문용역업체에 의뢰해서 그 토지 일대를 소규모 주택단지로 개발하기 위한 지적고시 작업을 지방자치단체에서 추진해 온 경우 사업계획승인을 거부한 것은 재량권의 일탈·남용이 아니다.[56]

3) 자연녹지지역으로 지정하는 절차가 진행중인 통도사 인근임야에 고층아파트를 건축하는 내용의 임대주택 사업계획 승인신청을 국토 및 자연의 유지와 환경의 보존 등 중대한 공익상의 필요를 이유로 거부한 것은 재량권의 일탈·남용이

13315 판결.

55) 대법원 1997. 12. 9. 선고, 97누4999 판결.

56) 대법원 1998. 4. 24. 선고, 97누1501 판결.

아니다.[57]

일부 조합원들이 주택조합에 대한 사업계획승인으로 인해 일반 분양을 받는 자들에 비해 경제적 부담이 가중되는 불이익을 입게 되거나 이주택지에 관한 자신들의 지분권이 침해되는 불이익을 입게 되더라도, 당초 택지에 공동주택을 건축하는 데 동의해서 자신들의 지분을 출연해서 주택조합의 조합원이 된 이상, 이는 법인격이 없는 사단인 주택조합의 조합원으로서 입게 되는 사실상·간접적·경제적 불이익에 불과하고 조합원이 아닌 독립한 제3자의 지위에서 입게 되는 불이익이라고 할 수 없을 뿐 아니라, 조합원 전체에 이익이 되는 사업계획승인을 그 조합원의 일부가 다툰다는 점에서도 법률상 이익이 없다 할 것이므로, 일부 조합원들에게는 사업계획승인의 취소를 구할 원고적격이 없다.[58]

6. 입지심의

실무에서는 사업신청지의 적합 여부를 판단해서 주변 시설과의 연계 등 종합적인 상황을 검토·조정하기 위해 사업계획승인을 신청하기 전에 미리 입지심의를 받도록 하고 있다. 사업계획승인을 받기 위해 사업계획이 갖추어야 할 기준이나 이를 심사·확인하는 방법을 정하는 것 역시 법령에 특별히 규정된 바가 없으면 행정청의 재량에 속하므로 행정청은 법규에 근거가 없더라도 사업계획이 입지 등의 면에서 승인기준에 적합한지 여부를 심사·확인하는 방법으로 사전에 입지심의 등의 절차를 거치도록 할 수 있다.[59]

57) 대법원 2002. 6. 14. 선고, 2000두10663 판결.

58) 대법원 1998. 6. 26. 선고, 97누2801 판결; 대법원 1998. 8. 21. 선고, 96누10379 판결.

입지심의가 객관적으로 합리적이 아니라거나 타당하지 않다고 보이지 않는 이상 입지심의를 거치지 않은 사업계획승인신청을 반려하더라도 그것이 위법하다고 할 수 없다.[60]

사업계획승인이 재량행위에 속하므로 그 전 단계인 입지심의 역시 재량행위라고 할 것이다. 입지심의시 신청된 사업계획이 관계 법령에서 정하는 제한에 배치되는 경우는 물론, 이러한 법령상의 제한사유가 없더라도 공익상 필요가 있는 경우에는 입지심의신청에 대해 거부처분을 할 수 있다.[61]

또한 입지심의에서 부여된 조건이 비록 법령상의 제한에 근거한 것이 아니라 사업계획승인에 있어 고려해야 할 공익상의 필요에 의한 것이라 하더라도 재량권의 남용이나 일탈이 없는 이상 그 조건에 위배된다는 이유로 사업계획승인신청을 반려하는 것은 적법하다.[62]

7. 간선시설의 추가설치요구 금지

사업계획승인권자는 사업계획을 승인하면서 그 주택건설사업 또는 대지조성사업과 직접적으로 관련이 없는 공공청사 등의 용지의 기부채납이나 간선시설 등의 설치에 관한 계획을 사업계획에 포함시키도록 요구하면 안 된다(법 §16⑤).

사업계획승인에 붙여진 기부채납의 조건은 행정행위의 부관 중

---

59) 대법원 1996. 10. 11. 선고, 95누9020 판결; 대법원 1997. 10. 24. 선고, 96누12917 판결.

60) 대법원 1996. 10. 11. 선고, 95누9020 판결; 대법원 1997. 10. 24. 선고, 96누12917 판결.

61) 대법원 1997. 9. 5. 선고, 96누10256 판결; 대법원 1997. 11. 11. 선고, 97누11966 판결; 대법원 1998. 4. 24. 선고, 97누1501 판결; 대법원 1999. 5. 25. 선고, 99두1052 판결.

62) 대법원 1997. 10. 24. 선고, 96누12917 판결.

"부담"에 해당하는 것으로서, 그 조건에 하자가 있더라도 그 하자가 기부채납의 조건을 당연무효로 할 만한 사유에 해당한다고 볼 수는 없고, 또 그와 같은 행정처분의 부관에 근거한 기부채납 행위가 당연무효이거나 취소될 사유는 못 된다.[63)]

사업계획승인을 하면서 지방자치단체가 부담해야 하는 상수도 시설 설치비용을 사업주체에게 전가시키는 내용의 부관을 붙인 경우, 상수도시설 설치비가 사업비에 대해 극히 소액이고, 사업시행자 스스로 이를 용인하고 사업에 착수했고, 사업계획승인이 이러한 부관을 전제로 한 경우 이러한 부관은 당연무효라고까지는 할 수 없다.[64)]

65세대의 공동주택을 건설하려는 주택조합에 사업계획승인을 하면서 주택단지의 진입도로 부지의 소유권을 확보해서 진입도로 등 간선시설을 설치하고 그 부지 소유권 등을 기부채납하며, 그 주택건설사업 시행에 따라 폐쇄되는 인근 주민들의 기존 통행로를 대체하는 통행로를 설치하고 그 부지 일부를 기부채납하도록 하는 조건을 붙인 경우 이는 과중한 부담을 지우는 것으로서 형평의 원칙 등에 위배되는 위법한 부관이라 할 수 없다.[65)]

아파트 입주자 및 인근주민들의 통행과 차량진입로의 확보를 위해 사업부지 면적의 무려 1/3에 해당하는 토지를 고가로 매수하도록 하는 부담을 가한 경우 관할관청에 의해 도로사업이 시행된 구간이 전혀 없어 사업시행자가 부담을 이행하더라도 나머지 구간에 대한 도로사업이 조속히 이루어지지 않는 한 교통난 해소에 별다른 도움이 되지 않으므로 이러한 부담은 그로써 달성하려는 공익의 내용이나 정도에 비해 그로 인해 입게 되는 사업자의 불이익의 내용 및 정도가 훨씬 심대해서 그 부담은 재량권을 일

63) 대법원 1996. 1. 23. 선고, 95다3541 판결.

64) 대법원 2003. 5. 30. 선고, 2003다9339 판결.

65) 대법원 1997. 3. 14. 선고 96누16698 판결.

탈하거나 남용했다고 본 사례가 있다.[66]

8. 다른 법률에 의한 인·허가의 의제

사업계획승인권자가 사업계획승인을 한 경우에는 건축허가, 공유수면점용허가, 공유수면매립면허, 도시계획시설결정, 제1종 지구단위계획의 결정, 개발행위허가, 도시계획시설사업 실시계획인가, 토지거래계약허가, 농지전용허가, 도로점용허가, 도시개발사업 실시계획인가, 산지전용허가, 입목벌채허가, 하천점용허가 등 관련 인·허가 등을 받은 것으로 본다(법 §17①).

사업계획승인권자는 사업계획에 인·허가 의제에 관한 사항이 포함되어 있는 경우에는 사업계획을 승인하기 전에 해당 법률이 정하는 관계서류를 관계 행정기관의 장에게 제출하고 협의해야 한다. 이 경우 관계 행정기관의 장은 협의요청을 받은 날부터 30일 이내에 의견을 제출해야 하며, 그 법률에 규정된 인·허가 등의 기준에 위반해서 협의에 응하면 안 된다(법 §17③).

인·허가의 의제는 관계 행정기관의 장과 협의해서 협의가 이루어진 경우에만 인정된다(법 §17①). 만일 관계 행정기관의 장과 협의를 하지 않거나 협의요청을 했더라도 관계 행정기관의 장이 동의를 하지 않아 협의가 이루어지지 않은 경우에는 해당 인·허가 등에 대해서는 의제의 효과는 생기지 않는다.[67]

사업계획을 승인받은 이상 그 사업에 필요한 범위 안의 도로에 대해 도로점용허가를 얻은 것으로 간주되고, 이는 사업계획승인시 도로점용허가사항과 관련된 내부협의나 공고가 없었다고 해서 달리 볼 것은 아니다. 도로점용허가가 의제된다고 하더라도 도로

---

66) 대법원 1994. 1. 25. 선고, 93누13537 판결.

67) 따라서 이 경우의 협의는 단순히 관계 행정기관의 장의 의견을 청취하는 절차가 아니라, 관계 행정기관의 장으로부터 동의를 받는 절차를 뜻한다.

점용료부과처분을 할 때에는 부과대상토지를 특정하고 그에 대한 점용료 산정기준 등 산출근거를 구체적으로 명시해야 한다.[68]

사업계획승인권자가 관계기관의 장과의 협의를 거쳐 사업계획승인을 한 이상 그 인·허가 등이 있는 것으로 볼 것이고, 이 협의와 별도로 개별법에 의한 절차(예: 도시관리계획결정이 의제되는 경우 「국토의 계획 및 이용에 관한 법률」에 의한 주민의견청취, 도시계획위원회의 심의 등)를 거칠 필요는 없다.[69]

사업계획승인을 받으면 도로·하천·공유수면 등의 점·사용에 관한 허가를 받은 것으로 간주되므로 사업주체는 법률상 권원을 가지고 점·사용을 한 자에 해당된다. 따라서 불법점·사용으로 인한 변상금 부과대상이 되지 않는다.[70]

사업계획승인으로 의제되는 인·허가에 수수료·사용료·부담금 등이 수반되는 경우에는 그 수수료·사용료·부담금 등을 납부해야 한다. 그러나 50% 이상의 국민주택을 건설하는 사업주체에 대해서는 사업계획승인으로 의제되는 인·허가 등에 관한 법률에 의해 부과되는 수수료·사용료 등을 면제한다(법 §17④, 영 §19).

제6절 공사의 시행

1. 착　　공

사업계획승인을 받은 사업주체는 사업계획대로 사업을 시행해야 하며, 승인받은 날부터 2년 이내에 공사에 착수해야 한다. 다

68) 대법원 2002. 2. 26. 선고, 2000두4323 판결.

69) 대법원 1992. 11. 10. 선고, 92누1162 판결.

70) 대법원 1998. 11. 24. 선고, 97다47651 판결.

만, 정당한 사유가 있는 경우에는 그 사유가 종료된 날부터 1년의 범위 안에서 그 공사의 착수기간을 연장할 수 있다. 사업계획승인을 받은 사업주체가 공사에 착수하고자 하는 때에는 특별시장·광역시장 또는 도지사에게 신고해야 한다(법 §16⑦⑧, 영 §18).

사업계획승인권자는 사업주체가 제때에 공사에 착수하지 않는 경우에는 사업계획승인을 취소할 수 있다. 사업계획승인을 취소하고자 하는 때에는 청문을 실시해야 한다(법 §16⑨, §93).

주택건설사업 또는 대지조성사업은 그 공사 규모가 크고 이해관계인이 많아 비교적 장기간의 공사준비기간이 소요되는 점 등을 고려할 때, 사업계획승인을 취소해야 할 공익상의 필요와 그 취소로 인해 당사자가 입게 될 기득권과 신뢰 보호, 법률생활의 안정과 침해 등을 비교·교량한 후 공익상의 필요가 당사자가 입을 불이익을 정당화할 만큼 강한 경우에 한해 사업계획승인을 취소할 수 있다.[71]

2. 주택의 설계 및 주택건설공사의 시공

사업계획승인을 받아 건설되는 주택과 그 부대시설 및 복리시설을 설계하는 자는 설계도서작성기준에 적합하게 설계해야 하며, 시공자와 사업주체는 설계도서에 적합하게 시공해야 한다. 건설교통부장관은 이러한 기준에 관한 세부기준을 정해 고시할 수 있다(법 §22①②, 영 §23②).

대한주택공사·지방공사 또는 등록사업자는 동일한 규모의 주택을 대량으로 건설하고자 하는 경우에는 건설교통부장관에게 주택의 형별로 표본설계도서를 작성·제출해서 승인을 받을 수 있다(영 §16①).

71) 대법원 1998. 5. 8. 선고, 97누7875 판결; 대법원 2002. 10. 25. 선고, 2002두4341 판결; 대법원 2005. 7. 14. 선고, 2004두10180 판결.

국가 또는 지방자치단체인 사업주체는 사업계획승인을 받은 주택건설공사의 설계와 시공을 분리해서 발주해야 한다. 다만, 총공사비(대지구입비는 제외)가 500억원 이상인 대형공사로서 기술관리상 설계와 시공을 분리해서 발주할 수 없는 공사는 일괄입찰에 의할 수 있다(법 §20③, 영 §20③).

사업계획승인을 받은 주택의 건설공사는 다음에 해당하는 자가 아니면 시공할 수 없다(법 §20①, 영 §20①).

1) 토목건축공사업자, 건축공사업자
2) 직접 시공할 수 있는 자격이 있는 등록사업자

공동주택의 방수·위생 및 냉난방설비공사는 다음의 건설업등록을 한 자(특정열사용기자재의 설치·시공의 경우는 「에너지이용합리화법」에 의한 시공업자)가 아니면 이를 시공할 수 없다(법 §20②, 영 §20②).

1) 방수설비공사: 미장·방수·조적공사업
2) 위생설비공사: 기계설비공사업
3) 냉·난방설비공사: 기계설비공사업·난방시공업

3. 주택건설공사의 감리

특별시장·광역시장 또는 도지사가 주택건설사업계획을 승인한 때와 시장·군수 또는 자치구청장이 리모델링허가를 한 때에는 다음의 구분에 따라 감리자를 지정해야 한다. 다만, 사업주체가 국가·지방자치단체·대한주택공사 또는 지방공사인 경우에는 감리자를 지정하지 않아도 된다(법 §24①, 영 §26①).

1) 300세대 미만의 주택건설공사: 건축사, 건축감리전문회사, 종합감리전문회사
2) 300세대 이상의 주택건설공사: 건축감리전문회사, 종합감리

전문회사

이 경우 그 주택건설공사를 시공하는 자의 계열회사[72]는 감리자로 지정하지 않아야 한다(법 §24①).

주택건설공사를 감리하는 자는 「형법」의 뇌물죄를 적용함에 있어서 이를 공무원으로 본다(법 §53의2).

감리자는 감리업무를 수행하면서 위반사항을 발견한 때에는 지체 없이 시공자 및 사업주체에게 위반사항을 시정할 것을 통지하고, 7일 이내에 특별시장·광역시장 또는 도지사에게 그 내용을 보고해야 한다. 시공자 및 사업주체는 시정통지를 받은 때에는 즉시 그 공사를 중지하고, 위반사항을 시정한 후 감리자의 확인을 받아야 하며, 감리자의 시정통지에 이의가 있는 때에는 즉시 그 공사를 중지하고 건설교통부장관에게 서면으로 이의신청을 할 수 있다(법 §24④⑤).

4. 공업화주택 등의 건설

가. 공업화주택의 인정

건설교통부장관은 주요구조부의 전부 또는 일부를 조립식 등 공업화공법에 의해서 건설하는 주택을 공업화주택으로 인정할 수 있다(법 §35①, 주택건설기준규칙 §13, [별표 6]).

건설교통부장관은 공업화주택의 인정을 하고자 하는 경우에는 미리 중앙건축위원회의 심의를 거쳐야 한다(주택건설기준규정 §61의2②).

공업화주택 인정의 유효기간은 공고일부터 5년으로 한다(주택건설기준규정 §61의2⑤).

---

72) 「독점규제 및 공정거래에 관한 법률」 제2조 제3호의 계열회사를 말한다.

건축사 1인 이상과 건축구조기술사 또는 건축시공기술사 1인 이상을 보유한 자가 공업화주택을 건설하는 경우에는 「주택법」 제22조(주택의 설계 및 시공) 및 제24조(주택의 감리 등)와 「건축사법」 제4조[73])를 적용하지 않는다(법 §37②, 주택건설기준규칙 §14). 즉 공업화주택을 설계 또는 감리할 때에는 건축사에 의한 설계 및 감리와 「주택법」에 의한 설계도서작성기준 및 감리방법에 의하지 않아도 된다.

나. 공업화주택의 건설촉진

건설교통부장관은 다음의 주택을 건설하고자 하는 자에 대해서는 건설업등록을 하지 않고도 이를 건설하게 할 수 있다(법 §35②).

1) 공업화주택
2) 새로운 건설기술을 적용해서 건설하는 주택

5. 간선시설의 설치

간선시설은 도로·상하수도·전기시설·가스시설·통신시설·지역난방시설 등 주택단지(2 이상의 주택단지를 동시에 개발하는 경우에는 각각의 주택단지를 말함) 안의 기간시설을 그 주택단지 밖에 있는 동종의 기간시설에 연결시키는 시설을 말한다. 다만, 가스시설·통신시설 및 지역난방시설의 경우에는 주택단지 안의 기간시설을 포함한다(법 §2).

---

73) 건축사법

제4조(설계 또는 공사감리 등) ①「건축법」 제19조 제1항의 규정에 의한 건축물의 건축 등을 위한 설계는 건축사가 아니면 이를 할 수 없다.

②「건축법」 제21조 제1항의 규정에 의하여 건축사를 공사감리자로 지정하는 건축물의 건축 등에 대한 공사감리는 건축사가 아니면 이를 할 수 없다.

다음의 경우 도로 및 상하수도시설(사업주체가 사업계획에 포함해서 설치하고자 하는 경우는 제외)은 지방자치단체가, 전기시설·통신시설·가스시설 또는 지역난방시설은 그 지역에 전기·통신·가스 또는 난방을 공급하는 자가, 우체통은 국가가 설치해야 한다(법 §23①, 영 §24①).

1) 100호 이상의 주택건설사업을 시행하는 경우
2) 16,500㎡ 이상의 대지조성사업을 하는 경우

간선시설의 설치비용은 설치의무자가 부담한다. 다만, 전기간선시설을 지중선로(地中線路)로 설치하는 경우에는 전기를 공급하는 자와 지중에 설치할 것을 요청하는 자가 각각 50%의 비율로 설치비용을 부담하되, 사업지구 밖의 기간이 되는 시설로부터 그 사업지구 안의 가장 가까운 주택단지(사업지구 안에 하나의 주택단지가 있는 경우에는 그 주택단지를 말함)의 경계선까지의 전기간선시설은 전기를 공급하는 자가 설치비용을 부담한다(법 §23③④).

도로 및 상하수도시설의 설치비용은 50%의 범위 안에서 국가가 보조할 수 있다(법 §23③).

지방자치단체가 설치해야 하는 도로 또는 상하수도시설이 아닌 도로 또는 상하수도시설의 설치를 사업주체가 자기 부담으로 설치할 것을 요청하는 경우에는 지방자치단체는 이에 응할 수 있다(법 §23⑤).

간선시설의 설치는 특별한 사유가 없는 한 사용검사일까지 완료해야 한다(법 §23②).

간선시설설치의무자가 사용검사일까지 간선시설의 설치를 완료하지 못할 특별한 사유가 있는 경우 사업주체는 그 간선시설을 자기부담으로 설치하고 간선시설설치의무자에게 그 비용의 상환을 요구할 수 있다. 이 경우 간선시설설치의무자는 사업주체와 설치비상환계약을 체결해야 한다. 설치비상환기간은 그 공사의 사용검사일부터 3년 이내로 하며, 상환금액은 설치비용과 상환완료시까지의 설치비용에 대한 이자를 합한 금액으로 한다(법 §23⑦, 영 §25①②③).

사업계획승인권자가 간설시설설치의무가 발생하는 사업계획을 승인한 때에는 지체 없이 간선시설 설치의무자에게 그 사실을 통지해야 한다. 간선시설 설치의무자는 사업계획에서 정한 사용검사예정일까지 간선시설을 설치하지 못할 특별한 사유가 있는 때에는 1월 이내에 그 사유 및 설치가능시기를 명시해서 그 사업주체에게 통보해야 한다(영 §24②③).

6. 주택건설대지의 확보

가. 수용 · 사용

「주택법」에서는 국민주택을 건설 · 공급하는 경우에 한해, 그것도 공공사업자에 한해 주택건설사업 또는 대지조성사업에 필요한 토지 등을 수용 또는 사용할 수 있도록 하고 있다.

국가 · 지방자치단체 · 대한주택공사 · 한국토지공사 및 지방공사인 사업주체가 국민주택을 건설하거나 이를 위한 대지를 조성하는 경우에는 토지 등을 수용 또는 사용할 수 있다(법 §18②).

수용 또는 사용에 관해서는 「공익사업을 위한 토지 등의 취득 및 보상에 관한 법률」을 준용한다(법 §27①). 이 경우 사업계획승인을 동법에 의한 사업인정으로 본다(법 §27②). 「주택법」에 의한 사업계획승인과는 별도로 「공익사업을 위한 토지 등의 취득 및 보상에 관한 법률」에 의한 사업인정을 받아야 수용이 가능하지만, 사업인정이 의제되므로 주택건설사업 또는 대지조성사업의 경우에는 사업계획승인을 받으면 별도로 사업인정절차를 밟지 않고 바로 협의매수 · 재결신청 등의 절차를 진행시킬 수 있다.

사업계획승인을 받기 전에는 협의수용이나 재결수용이란 있을 수 없으며, 사업계획승인이 있기 전에 토지매매계약을 체결해서 계약금을 지급하고 사업계획승인 이후에 잔금을 지급하였거나 사업계획승인을 조건부로 매매하였더라도 이 매매는 수용절차 개시 전에 이루어진 것으로서 협의수용이라 볼 수 없다.[74]

「공익사업을 위한 토지 등의 취득 및 보상에 관한 법률」에 의하면 사업인정고시일부터 1년 이내에 재결을 신청해야 하고 이 기간 내에 재결을 신청하지 않으면 사업인정의 효력이 상실된다. 그러나 주택건설사업 또는 대지조성사업의 경우에는 실시계획에 정해진 사업시행기간 내에 재결신청을 하면 된다(법 §27②). 이 경우 재결신청이 사업시행기간 내에 이루어졌다면 토지수용위원회는 사업시행기간이 경과된 후에도 수용재결을 할 수 있다.[75]

나. 매도청구

지구단위계획결정이 필요한 주택건설사업의 경우 대지면적의 80% 이상을 사용할 수 있는 권원을 확보하면 사업계획승인을 신청할 수 있는데, 이렇게 해서 사업계획승인을 받은 사업주체는 주택건설대지 중 사용할 수 있는 권원을 확보하지 못한 대지(건축물을 포함함)의 소유자에게 그 대지를 시가(時價)에 따라 매도할 것을 청구할 수 있다. 이 경우 소유자와 미리 3월 이상의 기간 동안 협의해야 한다(법 §18의2①).

그러나 지구단위계획구역 결정고시일 10년 이전에 그 대지의 소유권을 확보해서 계속 보유하고 있는 자는 매도청구대상에서 제외된다. 이 경우 소유자가 직계존비속 및 배우자로부터 상속으로 소유권을 취득한 경우에는 피상속인의 소유기간을 합산한다(법 §18의2①).

사업주체는 권원을 확보하지 못한 대지소유자의 소재확인이 현

74) 대법원 1983. 9. 27. 선고, 83누324 판결.

75) 대법원 2007. 1. 11. 선고, 2004두8538 판결.

저히 곤란한 경우에는 전국적으로 배포되는 2 이상의 일간신문에 2회 이상 공고하고, 공고한 날부터 30일 이상 지난 때에는 그 대지를 매도청구대상 대지로 본다. 사업주체는 감정평가액에 해당하는 금액을 법원에 공탁하고 주택건설사업을 시행할 수 있다. 이 경우 대지의 감정평가액은 특별시장·광역시장 또는 도지사가 추천하는 감정평가업자 2인 이상이 평가한 금액을 산술평균해서 산정한다(법 §18의3①②③).

리모델링주택조합은 리모델링결의에 찬성하지 않는 자의 주택 및 토지에 대해 매도청구를 할 수 있다(법 §18의2②).

매도청구에 관해서는 「집합건물의 소유 및 관리에 관한 법률」의 매도청구에 관한 규정을 준용한다. 이 경우 구분소유권 및 대지사용권은 주택건설사업 또는 리모델링사업의 매도청구의 대상이 되는 건축물 또는 토지의 소유권과 그 밖의 권리로 본다(법 §18의2③).

7. 사업시행의 지원

가. 국·공유지의 우선매각 및 임대

국가 및 지방자치단체는 소유토지를 매각하거나 임대하는 경우 다음의 목적으로 그 토지의 매수나 임차를 원하는 자가 있는 때에는 그에게 우선적으로 매각하거나 임대할 수 있다(법 §25①, 영 §31).

1) 국민주택규모의 주택이 50% 이상인 주택건설
2) 조합주택의 건설
3) 위의 주택건설을 위한 대지의 조성

국가 및 지방자치단체로부터 토지를 매수 또는 임차한 자가 2년 이내에 국민주택규모의 주택이나 조합주택을 건설하지 않거나 이를 위한 대지조성사업을 시행하지 않는 경우 국가 및 지방자치단체는 토지를 환매하거나 임대계약을 취소할 수 있다(법 §25②).

나. 도시개발사업에 의한 조성대지의 활용

사업주체가 국민주택용지로 사용하기 위해 도시개발사업의 시행자(환지방식에 의한 도시개발사업의 시행자를 말함)에게 체비지의 매각을 요구한 경우 도시개발사업의 시행자는 체비지 총면적의 1/2의 범위 안에서 이를 우선적으로 사업주체에게 매각할 수 있다. 사업주체가 환지계획작성 전에 체비지매각을 요구한 경우 도시개발사업의 시행자는 환지계획에서 사업주체에게 매각할 체비지를 하나의 단지로 정해야 한다(법 §26①②).

체비지의 매각은 경쟁입찰의 방법에 의하되, 매각을 요구하는 사업주체가 하나인 때에는 수의계약에 의할 수 있다(영 §32).

국민주택용지로 매각될 체비지의 양도가격은 감정평가업자 2인 이상의 감정평가가격을 산술평균한 가격을 기준으로 산정한다(법 §26③,칙 §14①).

다만, 다음의 경우에는 조성원가로 할 수 있다(법 §26③,칙 §14①).

1) 85㎡ 이하의 임대주택을 건설하는 경우
2) 60㎡ 이하의 국민주택을 건설하는 경우

다. 토지매수업무 등의 위탁

국가·대한주택공사 또는 한국토지공사인 사업주체는 주택건설사업 또는 대지조성사업을 위한 토지매수업무와 손실보상업무를 관할 지방자치단체의 장에게 위탁할 수 있다(법 §28①).

라. 서류의 열람

국민주택을 건설·공급하는 사업주체가 주택건설사업 또는 대지조성사업의 시행에 필요한 때에는 등기소 그 밖의 관계 행정기관의 장에게 필요한 서류의 열람·등사나 그 등본 또는 초본의 교부를 무료로 청구할 수 있다(법 §31).

마. 타인토지에의 출입 등

국가·지방자치단체·대한주택공사·한국토지공사 및 지방공사인 사업주체가 사업계획의 작성을 위한 조사 또는 측량을 하거나, 국민주택사업을 시행하기 위해 필요한 경우에는 타인의 토지에 출입하거나 특별한 용도로 이용되고 있지 않은 타인의 토지를 재료적치장 또는 임시도로로 일시사용할 수 있으며, 특히 필요한 때에는 죽목·토석 그 밖의 장애물을 변경하거나 제거할 수 있다(법 §18①).

타인토지에의 출입과 타인토지의 일시사용은 특정한 공익사업을 위해 타인의 재산권에 대해 공법상의 사용권(공용사용권)을 취득하고 상대방인 토지소유자 그 밖의 권리자는 공익사업을 위한 사용을 수인(受忍)해야 하는 공법상의 의무(수인의무)를 부담하는 사용제한에 해당된다.

장애물의 변경 또는 제거는 특정한 공익사업을 원활하게 수행하기 위해 사업시행에 필요한 재산권침해행위를 수인하게 하는 사업제한에 해당된다.

타인토지의 출입 등에 관해서는 「국토의 계획 및 이용에 관한 법률」의 제130조 제2항 내지 제9항과 동법 제144조 제1항 제2호 및 제3호의 규정을 준용한다(법 §18③).

타인의 토지에 출입하고자 하는 자는 특별시장·광역시장·시장 또는 군수의 허가를 받아야 하며, 출입하고자 하는 날의 3일 전까지 그 토지의 소유자·점유자 또는 관리인에게 일시와 장소를 통지해야 한다. 다만, 행정청인 사업주체는 허가를 받지 않고 타인의 토지에 출입할 수 있다. 허가를 받지 않고 타인의 토지에 출입한 자는 1,000만원 이하의 과태료에 처해진다(국토의 계획 및 이용에 관한 법률 §130②, §144①).

행정청인 사업주체는 법률의 규정에 의해, 행정청이 아닌 사업주체는 특별시장·광역시장·시장 또는 군수의 허가에 의해 공용사용권을 취득한다. 이때의 허가는 타인의 토지에 출입할 수 있는 공용사용권을 설정하는 것으로서 강학상의 특허에 해당한다.

일출 전이나 일몰 후에는 그 토지의 점유자의 승낙 없이 택지나 담장 또는 울타리로 둘러싸인 타인의 토지에 출입할 수 없다(국토의 계획 및 이용에 관한 법률 §130⑥). 이를 위반한 자에 대한 제재는 없다.

타인의 토지를 일시사용하거나 장애물을 변경 또는 제거하고자 하는 자는 그 토지의 소유자·점유자 또는 관리인의 동의를 받아야 한다. 토지 또는 장애물의 소유자·점유자 또는 관리인이 현장에 없거나 주소 또는 거소의 불명으로 그 동의를 받을 수 없는 때에는 행정청인 사업주체는 관할 특별시장·광역시장·시장 또는 군수에게 그 사실을 통지해야 하며, 행정청이 아닌 사업주체는 미리 관할 특별시장·광역시장·시장 또는 군수의 허가를 받아야 한다. 동의 또는 허가를 받지 않고 타인의 토지를 일시사용하거나 장애물을 변경 또는 제거한 자는 1,000만원 이하의 과태료에 처해진다(국토의 계획 및 이용에 관한 법률 §130③④, §144①). 토지 또는 장애물의 소유자·점유자 또는 관리인이 굳이 동의를 하지 않는 경우에 관해서는 규정하고 있지 않은데, 동의를 받을 수 없는 경우에 준해 관할 특별시장·광역시장·시장 또는 군수에게 미리 통지하거나 그 허가를 받으면 된다고 보아야 할 것이다.[76]

일시사용의 경우 행정청인 사업주체는 직접 법률의 규정에 의해, 행정청이 아닌 사업주체는 허가에 의해 공용사용권을 취득한

76) 김경열, 토지공법, 사법행정문화원, 1997년, 312쪽.

다. 이때의 허가는 타인의 토지에 출입할 수 있는 공용사용권을 설정하는 것으로서 강학상의 특허에 해당한다. 장애물제거의 경우 행정청인 사업주체는 통지에 의해, 행정청이 아닌 사업주체는 허가에 의해 장애물을 제거할 수 있게 된다. 이때의 허가는 자연적 자유를 잠정적으로 제한했다가 회복시켜주는 고전적 의미의 허가(예방적 금지의 해제)가 아니라 본래 법이 금지하는 바를 예외적으로 허용하는 것(억제적 금지의 해제)에 해당된다.

토지를 일시사용하거나 장애물을 변경 또는 제거하고자 하는 자는 3일 전에 그 토지 또는 장애물의 소유자·점유자 또는 관리인에게 통지해야 한다. 통지의무를 제대로 이행하지 않은 자에 대한 제재는 없다. 이 경우에도 일출 전이나 일몰 후에는 토지점유자의 승낙 없이는 택지나 담장 또는 울타리로 둘러싸인 타인의 토지에 출입할 수 없다(국토의 계획 및 이용에 관한 법률 §130⑤⑥).

토지의 점유자는 정당한 사유 없이 토지에의 출입, 토지의 일시사용 또는 장애물의 변경·제거를 거부하거나 방해하지 못한다. 정당한 사유 없이 이러한 행위를 거부하거나 방해한 자는 1,000만원 이하의 과태료에 처해진다(국토의 계획 및 이용에 관한 법률 §130⑦, §144①).

타인토지에의 출입 등으로 손실을 받은 자가 있는 때에는 그 행위를 한 사업주체가 그 손실을 보상해야 한다. 손실보상에 관해서는 그 손실을 보상할 자와 손실을 받은 자가 협의해야 한다. 협의가 성립되지 않거나 협의를 할 수 없는 때에는 당사자 일방이 관할 토지수용위원회에 재결을 신청할 수 있다. 관할 토지수용위원회의 재결에 관해서는 「공익사업을 위한 토지 등의 취득 및 보상에 관한 법률」 제83조 내지 제87조를 준용한다(법 §19①②③④).

제7절 공사의 완료

1. 사용검사

사업계획승인을 받은 사업이 완료되면 사업주체는 주택 또는 대지에 대해 사용검사를 받아야 한다. 사업계획승인조건의 미이행 등 특별한 사유가 있어 사업을 완료하지 못하고 있는 경우에는 완공된 주택에 대해 동별로 사용검사를 받을 수 있다(법 §29①, 영 §34①).

사용검사권자는 시장·군수 또는 자치구청장이다. 다만, 사업계획승인권자가 건설교통부장관인 경우에는 건설교통부장관의 사용검사를 받아야 한다(법 §29①). 사업계획승인권자는 특별시장·광역시장 또는 도지사인데도 사용검사권자를 시장·군수 또는 자치구청장으로 하고 있는데, 사용검사가 사업계획승인의 내용대로 시공되었는지 여부를 확인하는 것이라는 점에서 사업계획승인권자와 사용검사권자를 달리 하는 것은 별로 바람직하지 않다.

사업주체가 사용검사를 받은 때에는 사업계획승인에 의해 의제되는 인·허가 등에 따른 사용승인·준공검사·준공인가 등을 받은 것으로 본다. 이 경우 사용검사권자는 미리 관계기관의 장의 의견을 들어야 하며, 관계기관의 장은 정당한 사유가 없는 한 10일 이내에 의견을 제시해야 한다(법 §29②, 영 §34④).

2. 사업주체가 사용검사를 받을 수 없게 된 경우

사업주체가 파산 등으로 사용검사를 받을 수 없는 경우에는 그 주택의 시공을 보증한 자(시공보증자)가 잔여공사를 시공하고 사용검사를 받아야 한다(법 §29③, 영 §35①).

시공보증자가 없거나 시공보증자가 파산 등으로 시공을 할 수 없는 경우에는 입주예정자대표회의가 시공자를 정해 잔여공사를 시공하고 사용검사를 받아야 한다(법 §29③, 영 §35①).

사용검사권자는 입주예정자대표회의가 사용검사를 받아야 하는 경우에는 입주예정자로 구성된 대책회의를 소집해서 그 내용을 통보하고, 건축공사현장에 10일 이상 그 내용을 공고해야 한다. 이 경우 입주예정자는 입주예정자 과반수의 동의를 받아 10인 이내의 입주예정자로 구성된 입주예정자대표회의를 구성해야 한다(법 시행규칙 §16).

시공보증자가 사용검사를 받은 경우에는 시공보증자의 명의로, 또는 입주예정자대표회의가 사용검사를 받은 경우에는 세대별 입주자의 명의로 건축물대장에 등재하고 소유권보존등기를 할 수 있다(영 §35②).

3. 임시사용승인

사업주체 또는 입주예정자는 사용검사를 받은 후가 아니면 주택 또는 대지를 사용하게 하거나 사용할 수 없다. 다만, 다음의 경우로서 임시사용승인을 받은 경우에는 주택 등을 사용하거나 사용하게 할 수 있다(법 §29④, 영 §36①).

1) 주택건설사업의 경우에는 건축물의 동별로 주택건설공사가 완료된 경우
2) 대지조성사업의 경우에는 구획별로 대지조성공사가 완료된 경우

사용검사권자는 주택 또는 대지가 사업계획의 내용에 적합하고 사용에 지장이 없는 경우에 한해 임시사용을 승인할 수 있다. 이 경우 공동주택은 세대별로 임시사용을 승인할 수 있다(영 §36③).

4. 주택의 취득

자기의 비용과 노력으로 건물을 신축한 자는 그 건축허가가 타인의 명의로 된 여부에 관계없이 그 소유권을 원시취득하게 된다. 사업주체가 주택을 건설한 경우 그 주택의 소유권은 사업주체에게 귀속된다. 사업주체는 사용검사를 받은 주택에 대해 우선 자신의 명의로 건축물대장에 등재하고 소유권보존등기를 한 후 입주자의 명의로 소유권이전등기를 하게 된다.

그러나 주택조합은 자신의 자금으로 조합원의 주택을 건축·분양하는 것이 아니라 건축공정에 따라 조합원으로부터 자금을 제공받아 그 자금으로 건축하는 것이므로, 건축절차의 편의상 조합명의로 건축허가와 준공검사를 받았다고 하더라도 그 주택의 소유권은 건축자금을 제공한 조합원들이 원시취득한 것으로 보아야 한다.[77] 따라서 조합주택의 신규취득으로 인한 취득세의 납세의무자는 조합원들이다.[78]

주택조합은 「국세기본법」 제13조 제1항 제1호 소정의 법인으로 보는 법인격이 없는 단체에 해당한다.[79] 주택조합이 건축한 주택을 일반분양해서 소득이 발생한 경우 주택조합은 법인세법상 비영리 내국법인에 해당하고, 이 소득은 비영리법인의 사업소득으로 법인세 부과대상이 되므로, 주택조합이 위 소득에 대한 법인세 납세의무자가 된다.[80] 주택조합이 국민주택규모 초과분 아파트와 상가를 일반분양한 것은 사업상 독립적으로 재화를 공급하

77) 대법원 1994. 6. 24. 선고, 93누18839 판결; 대법원 1994. 9. 9. 선고, 93누16369 판결; 대법원 1995. 1. 24. 선고, 94다47797 판결; 대법원 1996. 4. 12. 선고 96다3807 판결.

78) 대법원 1994. 9. 9. 선고, 93누16369 판결.

79) 대법원 2005. 6. 10. 선고, 2003두2656 판결; 대법원 2005. 7. 15. 선고, 2003두5754 판결.

80) 대법원 2005. 6. 10. 선고, 2003두2656 판결.

는 사업자로서 재화를 공급한 것이어서 주택조합이 부가가치세 납세의무자가 된다.[81)]

건축주의 사정으로 건축공사가 중단된 미완성의 건물을 인도받아 나머지 공사를 하게 된 경우에는 그 공사의 중단 시점에 이미 사회통념상 독립한 건물이라고 볼 수 있는 정도의 형태와 구조를 갖춘 경우가 아닌 한 이를 인도받아 자기의 비용과 노력으로 완공한 자가 그 건물의 원시취득자가 된다. 시공보증자 또는 입주예정자대표회의가 사용검사를 받은 경우 시공보증자 또는 입주예정자대표회의가 주택의 소유권을 취득하게 되는 것은 아니다.[82)] 시공보증자는 자신의 명의로 건축물대장에 등재하고 소유권보존등기를 한 후 입주자의 명의로 소유권이전등기를 해야 하며, 입주예정자대표회의는 입주자의 명의로 건축물대장에 등재하고 소유권보존등기를 하게 된다.

주택분양보증은 그 성질상 조건부 제3자를 위한 계약으로서, 제3자의 지위에 있는 입주자는 주택분양보증계약의 내용에 따라 수익의 의사표시에 의해 주택분양보증을 한 자에 대한 분양계약상의 권리를 취득함과 동시에 그와 반대급부의 관계에 있는 의무를 부담한다.[83)] 주택분양보증을 한 자가 분양계약이 된 주택을 취득하는 시기는 특별한 사정이 없는 한 주택건설사업자가 부도 등으로 인해 공사가 중단되고 공사재개를 위한 자구노력이 수포로 돌아가 사회통념상 그 주택 건축공사를 완공할 능력을 상실하게 됨으로써 수분양자들에 대해 그 분양계약상의 주택공급의무를 이행할 수 없는 것이 객관적으로 밝혀짐에 따라 주택분양보증을 한 자가 분양이행의 방법으로 보증채무를 이행하기로 결정한 이후가 될 것이다.[84)] 주택분양보증을 한 자가 보증채무의 이행으로

---

81) 대법원 2005. 7. 15. 선고, 2003두5754 판결.

82) 대법원 1998. 9. 22. 선고, 98다26194 판결.

83) 대법원 2006. 5. 12. 선고, 2005다68783 판결.

분양이행의 방법을 선택해서 사업주체로부터 중단된 공사를 이어받아 자기의 비용과 노력으로 완공한 경우에는 주택분양보증을 한 자가 완공된 주택을 원시취득한다.[85)]

5. 공공시설의 귀속

가. 공공시설의 귀속

사업주체가 사업지구 안에 새로이 공공시설을 설치한 경우 새로이 설치된 공공시설은 그 시설을 관리할 관리청에 무상으로 귀속되고, 주택건설사업 또는 대지조성사업으로 인해 용도가 폐지되는 종래의 공공시설은 일정한 범위 안에서 사업주체에게 무상으로 귀속된다.[86)] 이는 「국유재산법」 및 「공유재산 및 물품 관리법」에 대한 특례를 인정한 것인바, 「국유재산법」 및 「공유재산 및 물품 관리법」에 규정된 용도폐지·기부채납(寄附採納) 등의 절차에 관계없이 공공시설의 귀속이 행해진다. 「주택법」에 의한 공공시설의 귀속에 대해서는 「국토의 계획 및 이용에 관한 법률」 제65조 및 제99조의 규정을 준용한다. 이 경우 대한주택공사·한국토지공사 또는 지방공사는 행정청인 시행자로 본다(법 §30①).

공공시설의 귀속에 관한 규정이 적용되려면 사업주체가 새로이

---

84) 대법원 2001. 5. 29. 선고, 2000다66003 판결; 대법원 2005. 7. 28. 선고, 2004두1087 판결.

85) 대법원 2006. 5. 12. 선고, 2005다68783 판결.

86) 공공시설의 귀속에 관한 규정을 두고 있는 법률에는 「개발제한구역의 지정 및 관리에 관한 특별조치법」(§27), 「공공철도건설촉진법」(§8), 「댐건설 및 주변지역지원 등에 관한 법률」(§13), 「도시개발법」(§65), 「도시 및 주거환경 정비법」(§65), 「산업입지 및 개발에 관한 법률」(§26), 「유통단지개발촉진법」(§19), 「전원개발에 관한 특례법」(§14), 「접경지역지원법」(§10), 「지역균형개발 및 지방중소기업육성에 관한 법률」(§20), 「택지개발촉진법」(§25), 「한국가스공사법」(§16의7), 「한국수자원공사법」(§32) 등이 있다.

설치된 공공시설에 관한 권리를 주택건설사업 또는 대지조성사업에 대한 준공검사를 마칠 때까지 적법하게 취득해야 한다. 사업주체가 새로이 설치된 공공시설에 대한 권리를 취득하지 못하는 때에는 그 공공시설에 관한 권리를 관리청에 귀속시키는 것이 불가능하게 된다. 사업주체가 공공시설에 관한 권리를 적법하게 취득하지 않은 채 공공시설을 설치하고 관리청이 이를 점유・사용하고 있다면 이는 법률상 원인 없이 이득을 얻고 진정한 소유자에게 손해를 가하는 것이 된다.[87]

개인이 국유재산 또는 공유재산이 될 수 있는 재산을 국가 또는 지방자치단체에 기부하고자 하는 경우 국가 또는 지방자치단체는 이를 채납할 수 있다(국유재산법 §9①, 공유재산 및 물품 관리법 §75①). 일반적으로 이를 "기부채납"이라고 하는데, 개인이 국가 또는 지방자치단체에 재산을 증여하는 의사표시를 하고, 국가 또는 지방자치단체는 이를 승낙함으로써 성립하는 사법상의 증여계약에 해당된다. 행정청이 각종 인・허가를 하면서 일정한 시설을 설치해서 기부할 것을 조건으로 하는 경우가 있는데, 이 경우 인・허가를 받은 자는 이를 이행할 공법상의 의무를 부담하게 되며, 이 조건을 이행하지 않는 때에는 인・허가가 취소되는 불이익을 받게 된다. 강학상으로는 이러한 조건은 행정처분의 부관의 일종인 "부담"에 해당된다. 이러한 부관은 수익적 행정행위 또는 재량행위인 경우에 붙이게 된다.[88] 기속행위나 기속적 재량행위에는 부관을 붙일 수 없고, 설사 부관을 붙였다 하더라도 무효이다. 예를 들어 건축허가를 하면서 일정 토지를 기부하도록 한 조건은 무효이다.[89] 종전에 토지형질변경을 허가하면서 공공시설의

87) 대법원 1981. 12. 22. 선고, 80다3269 판결; 대법원 1987. 7. 7. 선고, 87다카372 판결; 대법원 2000. 8. 22. 선고, 98다55161 판결.

88) 대법원 1992. 2. 14. 선고, 91다36062 판결.

89) 대법원 1995. 6. 13. 선고, 94다56883 판결.

기부채납을 조건으로 한 데 대해,[90] 토지형질변경으로 인해 그 토지의 이용가치가 증진되고 그 공공시설이 그 토지의 편익에도 이바지하게 되므로, 그 공공시설을 설치할 구체적이고 객관적인 필요가 있고 그 기부채납의 정도가 공익상 불가피한 범위와 토지형질변경에 의한 이익의 범위 안에서 이루어지는 경우 새로운 공공시설의 귀속이 공익상 필요하고 이로 인한 부담이 개발행위로 얻게 되는 이익의 범위를 벗어나지 않는다면 재산권침해가 아니라고 한 판례가 있다.[91] 기부채납의 조건에 따라 시설을 설치해서 기부하는 경우 그 소유권은 일단 설치자에게 귀속되었다가 「국유재산법」 또는 「공유재산 및 물품 관리법」에 의해 관리청에 이전된다.[92] 특정한 시설을 설치한 자가 그 시설을 국가 또는 지방자치단체에 기부하고 그 대신 그 시설에 대한 무상사용권을 설정받는 경우도 있는데, 이 경우에도 그 시설의 소유권은 일단 설치자에게 귀속되었다가 「국유재산법」 또는 「공유재산 및 물품 관리법」에 의해 관리청에 이전된다.

나. 공공시설의 귀속범위

사업주체가 행정청이거나 대한주택공사·한국토지공사 또는 지방공사인 경우 사업주체가 새로이 공공시설을 설치하거나 기존의 공공시설에 대체되는 공공시설을 설치한 때에는 「국유재산법」 및 「공유재산 및 물품 관리법」의 규정에 불구하고 새로이 설치된 공공시설은 그 시설을 관리할 관리청에 무상으로 귀속되고, 종래의 공공시설은 사업주체에게 무상으로 귀속된다(국토의 계획 및 이용

---

90) 당시에는 공공시설의 귀속에 관한 사항이 법령이 아닌 지방자치단체의 예규에 규정되어 있던 때였다.

91) 대법원 1999. 2. 23. 선고, 98두17845 판결; 대법원 1999. 5. 25. 선고, 98다53134 판결.

92) 대법원 1990. 2. 27 선고, 89누1797 판결.

에 관한 법률 §65①). 즉 공공시설의 귀속은 사업계획승인권자의 의사에 관계없이 법률의 규정에 의해 당연히 일어나므로 공공시설의 귀속에 관해 사업계획승인권자의 재량이 개입할 여지가 없다. 이 경우 종래의 공공시설과 새로운 공공시설간에는 기능의 "대체성"이 있어야 한다. 즉 새로이 설치된 공공시설은 그 기능이 종래의 공공시설의 기능에 갈음할 수 있어야 한다. 기능의 대체성이 인정된다면 종래의 공공시설과 새로이 설치된 공공시설간의 구조·규모·설치비용 등의 차이는 문제되지 않는다.[93)]

사업주체가 행정청이나 대한주택공사·한국토지공사 또는 지방공사가 아닌 경우 사업주체가 새로이 설치한 공공시설은 그 시설을 관리할 관리청에 무상으로 귀속되고, 주택건설사업 또는 대지조성사업으로 인해 용도가 폐지되는 공공시설은 「국유재산법」 및 「공유재산 및 물품 관리법」의 규정에 불구하고 새로이 설치한 공공시설의 설치비용에 상당하는 범위 안에서 사업주체에게 무상으로 이를 양도할 수 있다(국토의 계획 및 이용에 관한 법률 §65②). 문언상으로는 사업주체에게 종래의 공공시설을 무상으로 양도할 것인지 여부와 무상양도 하는 공공시설의 범위는 사업계획승인권자의 재량에 의하는 것처럼 되어 있다.[94)] 그러나 이 규정의 취지가 사업주체가 새로 설치한 공공시설이 관리청에 무상으로 귀속됨으로써 야기되는 재산상 손실을 고려해서 그 설치비용에 상당하는 범위 안에서 용도가 폐지되는 국·공유 공공시설이 무상으로 양도되도록 해서 재산상의 손실을 합리적인 범위 안에서 보전해 주고자 하는 데에 있다 할 것이므로, 여기의 표현이 비록 "양

---

93) 도로에 편입되어 공공의 용에 사실상 공하고 있는 사유지에 대해서 토지구획정리사업의 시행으로 인해서 새로이 폭 25m의 도로로 확장개설한 것이라면 이는 「도시계획법」 제83조 제2항 후단의 "대체되는 시설이 설치된 경우"로 보아야 할 것이다(대법원 1975. 6. 10. 선고, 73다1257 판결).

94) 대법원 1998. 11. 24. 선고, 97다47651 판결.

도할 수 있다"고 되어 있으나 무상양도 여부는 허가권자가 선택할 수 있는 사항이 아니라 반드시 무상양도를 해야 한다고 보아야 할 것이다.[95] 또한 종래의 공공시설을 무상으로 양도할 수 있는 범위도 새로이 설치된 공공시설의 설치비용에 상당하는 범위 이내로 제한된다. 이 경우 새로이 설치된 공공시설과 종래의 공공시설간에 기능의 대체성이 있는지 여부는 문제되지 않는다.

사업계획승인권자는 사업계획을 승인할 때에 공공시설의 귀속에 관한 사항을 조건으로 붙이게 되는데, 경우에 따라서는 사업주체에게 무상으로 양도되는 종래의 공공시설이 전혀 없는 경우도 나타날 수 있을 것이다. 그리고 사업주체가 공공시설의 귀속에 관한 조건에 관해 합리적인 이유 없이 거부의사를 명백히 밝힌 경우 사업계획승인권자는 사업계획승인을 거부할 수 있다고 할 것이다.[96]

다. 공공시설관리청의 의견청취

사업계획승인권자는 공공시설의 귀속에 관한 사항이 포함된 사업계획을 승인하고자 하는 때에는 미리 해당 공공시설의 관리청의 의견을 들어야 한다. 다만, 관리청이 지정되지 않은 때에는 관리청이 지정된 후 준공되기 전에 관리청의 의견을 들어야 하며, 관리청이 불분명한 때에는 도로·하천 등에 대해서는 건설교통부장관을, 그 외의 재산에 대해서는 재정경제부장관을 관리청으로 본다(국토의 계획 및 이용에 관한 법률 §65③). 관리청은 단순히 공공시설의 귀속에 관한 의견을 표시하는 것이 아니라 자신이 관리하고 있는 국·공유재산의 처분에 관한 의사를 표시하게 되는 것이므로, 여기의 "의견청취"는 말 그대로 "의견을 듣는 것"에 그치는 것이 아니라 관리청의 "동의"를 받아야 함을 뜻한다. 즉 관리

95) 대법원 2007. 7. 12. 선고, 2007두6663 판결.

96) 대법원 1999. 2. 23. 선고, 98두17845 판결.

청이 반대의사를 표시한 경우 사업계획승인권자는 관리청의 의견과 반대되는 내용으로 사업계획을 승인해서는 안 된다 할 것이다. 관리청의 의견을 듣지 않고 사업계획을 승인하거나 관리청의 의견과 반대되는 내용으로 사업계획을 승인한 경우 승인내용 중 공공시설의 귀속에 관한 부분은 무효라고 보는 것이 타당할 것이다. 「국유재산법」 및 「공동재산 및 물품 관리법」에 의하면 국·공유재산인 공공용물은 용도폐지가 되어 잡종재산이 돼야만 처분할 수 있지만, 관리청의 의견을 들어 개발행위허가를 한 때에는 별도의 용도폐지절차를 거치지 않고도 기존의 공공시설은 사업주체에게 귀속된다. 사업계획승인권자가 관리청의 의견을 듣고 사업계획을 승인한 경우 사업주체는 사업계획승인에 포함된 공공시설의 점용 및 사용에 관해 관계법률에 의한 승인·허가 등을 받은 것으로 보아 주택건설사업 또는 대지조성사업을 시행할 수 있다. 이 경우 그 공공시설의 점용 또는 사용에 따른 점용료 또는 사용료는 면제된 것으로 본다(국토의 계획 및 이용에 관한 법률 §65 ④).

라. 공공시설의 귀속시기

사업주체가 행정청이거나 대한주택공사·한국토지공사 또는 지방공사인 경우 사업주체는 개발행위가 완료되어 준공검사를 마친 때에는 해당 시설의 관리청에 공공시설의 종류 및 토지의 세목을 통지해야 한다. 이 경우 공공시설은 그 통지한 날에 그 시설을 관리할 관리청과 사업주체에게 각각 귀속된 것으로 본다. 사업주체가 행정청이나 대한주택공사·한국토지공사 또는 지방공사가 아닌 경우 사업주체는 관리청에 귀속되거나 그에게 양도될 공공시설에 관해 주택건설사업 또는 대지조성사업이 완료되기 전에 그 시설의 관리청에 그 종류 및 토지의 세목을 통지해야 하고, 사용검사를 한 사용검사권자는 그 내용을 그 시설의 관리청에 통보해야 한다. 이 경우 공공시설은 사용검사를 받음으로써 그 시설을 관리할 관리청과 사업주체에게 각각 귀속되거나 양도된 것으로 본다(국토의 계획 및 이용에 관한 법률 §65⑤⑥).

공공시설을 구성하는 토지와 시설물의 소유권은 사용검사와 동시에 관리청에 직접 원시적으로 귀속되고, 사업완료사실을 관리청에 통지한 때(사업주체가 행정청인 경우에는 공공시설의 종류 및 토지의 세목을 관리청에 통지한 때, 사업주체가 행정청이 아닌 경우에는 사용검사내용을 관리청에 통보한 때)에는 그 공공시설에 대한 관리권이 관리청에 귀속된다.[97]

마. 법률규정에 의한 물권변동

기부채납의 경우에는 공공시설에 대한 권리가 일단 기부를 한 자에게 귀속되었다가 관리청에 이전되지만,[98] 공공시설의 귀속의 경우에는 새로운 공공시설에 대한 권리가 사업주체를 거치지 않고 바로 관리청에 귀속된다.[99] 즉 기부채납에 의한 취득은 계약에 의한 승계취득이지만, 공공시설의 귀속에 의한 취득은 법률의 규정에 의한 원시취득이다.[100] 공공시설의 귀속에 관한 규정이 적용되는 경우에는 비록 사업주체가 사업완료와 동시에 공공시설을 기부채납하기로 약정했더라도 이는 공사비를 투자한 자로서 그 시설에 대해 공사비투자액 또는 사업시행에 상응하는 소유권주장을 하지 않겠다는 취지를 확인한 것일 뿐 공공시설의 소유권이 일단 자신에게 귀속되었다가 그의 기부행위를 기다려 관리청에

97) 대법원 1999. 4. 15. 선고, 96다24897 판결; 대법원 2000. 8. 22. 선고, 98다55161 판결.

98) 대법원 1990. 2. 27 선고, 89누1797 판결.

99) 대법원 1996. 6. 11. 선고, 96누1160 판결; 대법원 1997. 9. 26. 선고, 96누18502 판결.

100) 대법원 1996. 6. 11. 선고, 96누1160 판결.

귀속된다는 것을 뜻하는 것은 아니라고 보아야 한다.[101)]

공공시설의 귀속에 의한 소유권변동은 법률의 규정에 의한 물권변동에 해당되므로 등기를 하지 않더라도 물권변동의 효력이 발생한다. 그러나 그 토지를 처분하기 위해서는 등기를 해야 한다. 공공시설의 귀속에 따른 토지를 등기하는 때에는 「부동산등기법」에 의한 등기원인을 증명하는 서면은 준공검사를 받았음을 증명하는 서면으로 이를 갈음한다(국토의 계획 및 이용에 관한 법률 §65⑦).

101) 대법원 1984. 12. 11 선고, 83누131 판결.

제3장 주택의 공급

제1절 주택의 공급에 관한 일반적인 사항

1. 「주택공급에 관한 규칙」에 의한 공급

다음의 자는 「주택공급에 관한 규칙」이 정하는 바에 따라 주택을 건설·공급해야 하며, 이러한 주택을 공급받고자 하는 자도 「주택공급에 관한 규칙」이 정하는 바에 따라 주택을 공급받아야 한다.[1] 이를 위반해서 주택을 건설·공급한 자는 2년 이하의 징역 또는 2,000만원 이하의 벌금에 처하며, 주택을 공급받은 자는 500만원 이하의 과태료에 처한다(법 §38①②, §97, §101②).

1) 사업계획승인을 받아 주택을 건설·공급하는 사업주체
2) 건축허가를 받아 주택이 아닌 시설과 주택을 동일건축물로 20호 또는 20세대 이상 건설·공급하는 건축주

이 규정은 단속규정이므로 이 규정을 위반해서 주택을 공급받았더라도 그 계약의 효력이 부인되는 것은 아니다.[2]

주택의 공급조건·방법·절차 등에 관한 사항은 건설교통부장관의 고유업무인 국가사무이므로 조례로 공동주택의 분양에 관한

---

1) 대법원 1995. 5. 12. 선고, 94추28 판결.
2) 대법원 1995. 1. 7. 선고, 94다1890 판결; 대법원 1997. 9. 26. 선고 97다10208 판결.

사항을 규정한 경우 이는 무효이다.[3)]

2. 주택건설대지의 처분제한

가. 저당권설정 등의 제한

사업주체는 사업계획승인을 받아 건설된 주택 및 대지에 대해서는 입주자모집공고 승인신청일부터 입주예정자가 그 주택 및 대지의 소유권이전등기를 신청할 수 있는 날 이후 60일까지의 기간 동안 입주예정자의 동의 없이 다음의 행위를 하면 안 된다(법 §40①②).

1) 주택 또는 대지에 저당권·가등기담보권 등 담보물권을 설정하는 행위
2) 주택 또는 대지에 전세권·지상권 또는 등기되는 부동산임차권을 설정하는 행위
3) 주택 또는 대지를 매매·증여 등의 방법으로 처분하는 행위

다만, 다음의 경우에는 저당권설정 등의 제한이 적용되지 않는다(법 §40①, 영 §44②, 칙 §19의2).

1) 주택의 입주자에게 주택구입자금의 일부를 융자해 줄 목적으로 국민주택기금이나 금융기관[4)]으로부터 주택건설자금을

---

3) 대법원 1995. 5. 12. 선고, 94추28 판결.

4) 금융기관의 범위는 개별법령마다 조금씩 다르다. 「은행법」에서는 예금의 수입, 유가증권 기타 채무증서의 발행에 의해서 불특정다수인으로부터 채무를 부담함으로써 조달한 자금을 대출하는 것을 업으로 행하는 것을 "은행업"이라고 하며, 이 은행업을 규칙적·조직적으로 영위하는 한국은행 외의 모든 법인을 "금융기관"이라고 한다. 은행업을 영위하고자 하는 때에는 금융감독위원회로부터 「은행법」에 의한 은행업인가를 받아야 한다. 중소기업은행·한국산업은행 및 한국수출입은행은 은행업무를 하지만, 「은행법」이 아닌 「중소기업은행법」·「한국산업은행법」 및 「한국수출

융자받는 경우

2) 주택의 입주자에게 주택구입자금의 일부를 융자해 줄 목적으로 위의 금융기관으로부터 주택구입자금을 융자받는 경우

3) 사업주체가 파산, 합병·분할, 등록말소·영업정지 등의 사유로 주택건설사업을 계속 시행할 수 없게 되어 사업주체가 변경되는 경우

사업주체가 위의 규정에 위반해서 입주자 모집공고 후에 그 대지 및 주택을 담보로 제공하거나 처분하더라도 담보제공의 사법적 효력까지 부인되지는 않는다.[5] 그러나 처분제한에 관한 부기등기가 행해진 경우 그 부기등기일 후에 그 대지를 양수 또는 제한물권을 설정받거나 압류·가압류·가처분 등을 한 경우에는 이는 무효로 된다.[6]

나. 처분제한에 관한 부기등기

사업주체는 저당권설정제한 등이 적용되는 주택 또는 대지의 소유권등기에 "입주예정자의 동의 없이는 양도하거나 제한물권을 설정하거나 압류·가압류·가처분 등의 목적물이 될 수 없는 재산"이라는 취지를 부기등기해야 한다(법 §40③, 영 §45③). 일반채권자가 사업주체를 대위해서 소유권보존등기를 신청하는 경우에

입은행법」에 의해 설립되므로 「은행법」에 의한 금융기관에 해당되지 않는다. 농업협동조합중앙회와 수산업협동조합중앙회는 각각 「농업협동조합법」과 「수산업협동조합법」에 의해 「은행법」에 의한 은행업무를 할 수 있는데, 이 경우 「은행법」에서는 농업협동조합중앙회와 수산업협동조합중앙회의 신용사업부문을 하나의 금융기관으로 본다. 「은행법」에서는 보험회사 및 상호저축은행과 신탁업무만을 영위하는 회사는 동법에 의한 금융기관에서 제외하고 있다.

5) 대법원 1998. 2. 10. 선고, 97다26524 판결; 대법원 2004. 1. 29. 선고, 2003다52210 판결.

6) 대법원 2004. 1. 29. 선고, 2003다52210 판결.

도 부기등기를 함께 신청해야 한다.

주택건설대지에 대한 부기등기는 입주자모집공고승인신청과 동시에 해야 하고, 건설된 주택에 대한 부기등기는 소유권보존등기와 동시에 해야 한다(법 §40④).

부기등기일 후에 그 주택 또는 대지를 양수하거나, 제한물권을 설정받거나, 압류・가압류・가처분 등의 목적물로 한 경우 그 행위는 무효로 한다(법 §40⑤).[7] 따라서 처분제한에 관한 부기등기가 마쳐진 주택건설대지에 관해서는 처분제한의 대상이 되는 처분행위를 원인으로 한 등기 내지 압류・가압류・가처분 등은 허용될 수 없다.[8]

다만, 다음의 경우에는 부기등기일 후에 그 대지를 양수하거나, 제한물권을 설정받거나, 압류・가압류・가처분 등의 목적물로 한 경우 그 행위는 무효로 하지 않는다(법 §40⑤, 영 §45④).

1) 사업주체의 경영부실로 입주예정자가 그 대지를 양수받는 경우
2) 주택의 입주자에게 주택구입자금의 일부를 융자해 줄 목적으로 금융기관 등으로부터 주택건설자금 또는 주택구입자금을 융자받기 위해 저당권 등을 설정하는 경우

사업주체는 사업계획승인이 취소되거나 입주예정자가 소유권이전등기를 신청한 경우를 제외하고는 부기등기를 말소할 수 없다. 다만, 소유권이전등기를 신청할 수 있는 날부터 60일이 경과한 때에는 부기등기를 말소할 수 있다(영 §45②).

다. 신탁의 허용

다음의 사유에 해당되어 대한주택보증주식회사가 분양보증을 하면서 주택건설대지를 대한주택보증주식회사에 신탁하게 하는

7) 대법원 2004. 1. 29. 선고, 2003다52210 판결.

8) 대법원 2004. 11. 26. 선고, 2004다46649 판결.

경우에는 저당권 등의 설정제한이나 부기등기에 관한 규정에 불구하고 그 주택건설대지를 신탁할 수 있다. 이 경우 신탁의 인수에 관해서는 「신탁업법」을 적용하지 않는다(법 §40⑥⑦, 영 §45⑤).

1) 사업주체의 재무상황 및 금융거래상황이 극히 불량한 경우
 - 최근 2년간 연속된 경상손실로 인해 자기자본이 잠식된 경우
 - 자산에 대한 부채의 비율이 500%를 초과하는 경우

2) 사업주체가 부기등기를 하지 않고 대한주택보증주식회사에 대지를 신탁하고자 하는 경우

3. 투기과열지구 및 주택공영개발지구의 지정

가. 투기과열지구

건설교통부장관이나 특별시장·광역시장 또는 도지사는 주택가격의 안정을 위해 필요한 경우에는 일정한 지역을 주택정책심의위원회의 심의를 거쳐 투기과열지구로 지정할 수 있다(법 §41①).

건설교통부장관이나 특별시장·광역시장 또는 도지사는 투기과열지구를 지정하는 때에는 지체 없이 이를 공고하고, 관할 시장·군수 또는 자치구청장에게 공고내용을 통보해야 한다. 이 경우 시장·군수 또는 자치구청장은 사업주체(건축허가를 받아 주택외의 시설과 주택을 동일건축물로 20호 이상 건설·공급하는 건축주를 포함함)로 하여금 입주자모집공고시 그 주택건설지역이 투기과열지구에 포함된 사실을 공고하게 해야 한다(주택공급규칙 §14②).

투기과열지구는 주택가격의 상승률이 물가상승률보다 현저히 높은 지역으로서 주택에 대한 투기가 우려되는 지역에 대해 지정하되, 그 지역의 청약경쟁률·주택가격·주택보급률·주택공급계획 등을 고려해야 한다(주택공급규칙 §14①).

나. 주택공영개발지구

건설교통부장관은 투기과열지구에서 조성되는 공공택지 중에서 주택에 대한 투기가 성행할 우려가 있거나 공공택지 내 주택공급의 공공성을 강화하기 위해 필요한 경우에는 주택정책심의위원회의 심의를 거쳐 주택공영개발지구를 지정할 수 있다. 건설교통부장관이 주택공영개발지구를 지정한 때에는 이를 관보에 고시하고, 관할 특별시장·광역시장 또는 도지사에게 통보해야 한다(법 §41의3①③④).

주택공영개발지구에서 주택공영개발의 대상이 되는 주택을 건설·공급하기 위해 공급되는 공공택지는 다음의 공공기관에 양도해야 하며, 이들 공공기관은 그 택지 안의 주택건설사업을 직접 시행해야 한다. 소유토지의 전부를 택지개발사업의 시행자에게 양도한 주택건설사업자와 주택건설에 필요한 토지의 1/2 이상을 취득한 후 그 토지의 전부를 택지개발사업의 시행자에게 양도한 주택조합에 수의계약으로 택지를 공급하는 것은 허용된다(법 §41의3②, 영 §45의3②).

1) 국가, 지방자치단체
2) 대한주택공사, 지방공사

4. 입주자저축(入住者貯蓄)

「주택법」에 의해 주택을 공급받고자 하는 자에 대해 미리 입주금의 전부 또는 일부를 저축하게 할 수 있다. 이를 입주자저축이라 한다. 입주자저축에는 청약저축(請約貯蓄)·청약예금(請約預金) 및 청약부금(請約賦金)이 있다(법 §75①, 주택공급규칙 §5①).

1) 청약저축: 국민주택 등을 공급받기 위해 가입하는 저축
2) 청약예금: 민영주택과 민간건설 중형국민주택을 공급받기 위해 가입하는 예금

3) 청약부금: 85㎡ 이하의 민영주택과 민간건설 중형국민주택을 공급받기 위해 가입하는 부금

입주자저축은 1인 1구좌에 한해 가입할 수 있다(주택공급규칙 §5③).

청약저축에 가입할 수 있는 자는 무주택세대주여야 한다. 청약예금 또는 청약부금에 가입할 수 있는 자는 20세 이상의 자(세대주인 경우에는 20세 미만인 자를 포함함)여야 한다(주택공급규칙 §5의2①, §5의3①).

제2절 공급대상자

1. 해당 주택건설지역의 거주자

다음의 주택은 입주자모집공고일 현재 그 주택건설지역에 거주하는 세대주에게 1세대 1주택의 기준으로 공급한다. 이 경우 수도권의 거주자가 수도권의 다른 주택건설지역의 주택을 공급받고자 할 때에는 그 주택건설지역의 거주자로 본다(주택공급규칙 §4①③).

1) 국민주택 등(민간건설중형국민주택 중 분양주택은 제외)
2) 고용자인 사업주체가 그 소속근로자에게 공급하기 위해 건설하는 주택
3) 국가기관·지방자치단체 또는 법인이 공무원·군인 또는 그 소속근로자에게 공급할 주택을 다른 사업주체에게 위탁해서 건설하는 경우 그 위탁에 의해 건설되는 주택

다음의 주택은 입주자모집공고일 현재 그 주택건설지역에 거주하는 20세 이상인 자(세대주인 경우에는 20세 미만인 자를 포함함)

에게 1인 1주택의 기준으로 공급한다(주택공급규칙 §4①).

1) 민간건설중형국민주택 중 분양주택

2) 민영주택

그 주택건설지역의 거주자가 아닌 자가 주택공급계약을 체결한 경우 처벌을 받는 것은 별론으로 하고 그 계약의 사법적 효력까지 부인되는 것은 아니다.[9]

특별시장·광역시장·시장 또는 군수는 투기방지를 위한 경우에는 입주자모집공고일 현재 그 주택건설지역에 일정기간 이상 거주하고 있는 자에게 우선 공급하게 할 수 있다(주택공급규칙 §4⑤).

2. 무주택세대주

국민주택 등의 공급대상은 무주택 세대주여야 한다(주택공급규칙 §4②).

"세대주"는 세대별 주민등록표상에 배우자·직계존속(민간건설중형국민주택과 민영주택을 일반공급하는 경우에는 배우자의 직계존속을 포함함) 및 직계비속인 세대원으로 이루어진 세대의 세대주를 말한다. 다만, 다음의 자도 세대주로 본다(주택공급규칙 §2).

1) 60세 이상이거나 장애자인 직계존속을 부양하고 있는 호주승계예정자

2) 단독세대주로서 20세 이상인 자

"무주택세대주"는 세대주를 포함한 세대원 전원이 주택을 소유하고 있지 않은 경우의 세대주를 말한다. 세대주를 포함한 세대원이 주택을 "소유"한다 함은 물권변동에 관해 형식주의를 취하는 우리의 법제상 부동산의 원시취득이 아닌 승계취득의 경우에

9) 대법원 1996. 7. 26. 선고, 95다55351 판결.

있어 「민법」 제187조에 해당하는 경우를 제외하고는 세대주를 포함한 세대원 앞으로 주택에 관한 소유권이전등기가 마쳐져 있는 경우를 의미한다. 따라서 무주택기간도 원인무효이거나 다른 특별한 사정이 없는 한 공부상 소유권이전 시점을 기준으로 판단해야 한다.10)

"무주택세대주"인지 여부의 판단은 원칙적으로 공부상의 소유자를 기준으로 판단한다. 대외적으로 완전한 소유권을 취득하는 한 그 소유명의가 명의신탁 혹은 채권담보 내지 그 실행의 목적으로 마쳐진 것이라고 하더라도 그를 무주택세대주로 볼 수 없다.11)

제3절 분양가상한제

1. 분양가규제

1972년 「주택건설촉진법」을 제정할 때에 국민주택의 분양가격은 주택건설에 소요된 실비를 기준으로 정하도록 했다가, 1975년에는 국민주택은 건설에 소요된 실비를 기준으로 분양가격을 정해 건설교통부장관의 승인을 받도록 했다.

1977년에는 「주택건설촉진법」을 전부개정하면서 국민주택의 분양가격승인에 관한 규정을 삭제하고 "사업주체는 주택의 공급질서를 유지하기 위해 건설부장관이 정하는 주택의 공급조건·방법 및 절차 등에 따라 주택을 건설·공급해야 한다"는 규정을 두었는데, 이 규정을 근거로 사업계획승인을 할 때에 행정지도의 형식으로 분양가격을 규제했다. 당초에는 일률적인 상한가로 규제하다가

10) 대법원 1995. 5. 9. 선고, 93다58271 판결.

11) 대법원 1994. 9. 27. 선고, 94다21429 판결.

1989년 11월부터 택지비와 건축비에 연동시키는 원가연동제로 전환했다. 그 후 주택경기가 침체됨에 따라 1995년부터 점차 분양가규제가 완화되다가, 1999년에는 60㎡ 이하의 국민주택에 대해서만 주택은행에서 분양가격을 심사하도록 하였고, 2002년에는 분양가가 주변시세 등에 비해 과도하게 높게 책정되었다고 판단되는 경우에는 먼저 분양가를 자율적으로 조정하도록 권고하고 이에 불응하면 분양가 내역을 국세청에 통보하여 과세자료로 활용하도록 하는 분양가 자율조정제로 전환했다.

분양가 자율화 이후 분양가가 상승해서 부동산투기가 과열됨에 따라 2005. 1. 8. 공공택지에서 건설되는 85㎡ 이하의 주택의 분양가격을 제한하였고, 2005. 12. 23.에는 분양가상한제 적용대상을 공공택지에서 공급되는 주거전용면적 85㎡를 초과하는 주택 등으로 확대하였고, 2007. 4. 20.에는 일반에게 공급되는 공동주택 모두에 대해 분양가상한제를 적용하도록 했다.

2. 분양가상한제 적용주택

사업주체가 「주택법」에 의해 일반에게 공급하는 공동주택은 다음과 같이 산정한 분양가격 이하로 공급해야 한다. 이와 같이 공급되는 주택을 "분양가상한제 적용주택"이라 한다(법 §38의2①③, 분양가산정규칙 §7①).

분양가격 = (기본형건축비 + 건축비 가산비용) + 택지비

건설교통부장관은 공동주택 건설공사비지수(주택건설에 투입되는 건설자재 등의 가격변동을 고려해서 산정한 지수로서 주택건축비의 등락을 나타내는 지수)와 이를 반영한 기본형건축비를 6개월마다 고시해야 한다. 시장·군수 또는 자치구청장은 지역의 특성을 감안해서 기본형건축비의 95% 이상 105% 이하의 범위 안에서 시·군·구의 기본형건축비를 따로 정해 고시할 수 있다(법 §38의

2③, 분양가산정규칙 §7③, §14③).

건축비 가산비용은 항목별로 추가로 소요되는 금액을 말한다(법 §38의2③, 분양가산정규칙 §14②, [별표 1]).

공공택지의 경우 택지비는 택지의 공급가격에 연약지반 공사비, 암석지반 공사비, 흙막이 및 차수벽(遮水壁) 공사비, 방음시설 설치비, 선납한 택지대금에 대한 기간이자 등을 가산한 금액으로 한다. 공공택지가 아닌 택지의 택지비는 감정평가액에 택지의 공급가격에 연약지반 공사비, 암석지반 공사비, 흙막이 및 차수벽 공사비, 방음시설 설치비, 간선시설의 설치비용, 지장물 철거비용 등을 가산한 금액으로 한다(법 §38의2②, 분양가산정규칙 §8, §9).

3. 분양가격의 공시

사업주체는 분양가상한제 적용주택으로서 공공택지에서 공급하는 주택에 대해 입주자모집승인을 받은 때에는 입주자모집공고안에 택지비, 공사비, 간접비, 건축비가산비용으로 구분해서 분양가격을 공시해야 한다(법 §38의2④, 분양가산정규칙 §15②).

시장·군수 또는 자치구청장은 공공택지 외의 택지에서 공급되는 분양가상한제 적용주택에 대해 입주자모집승인을 하는 경우에는 택지비, 직접공사비, 간접공사비, 설계비, 감리비, 부대비, 건축비가산비용으로 구분해서 분양가격을 공시해야 한다(법 §38의2⑤, 분양가산정규칙 §16②).

4. 재당첨제한

분양가상한제 적용주택에 당첨된 자의 세대에 속한 자는 다음 기간 동안 다른 분양주택의 입주자로 선정될 수 없다(주택공급규칙 §23①).

1) 주거전용면적이 85㎡ 이하인 주택
   • 과밀억제권역 및 성장관리권역에서 당첨된 경우: 당첨일부터 10년간
   • 그 밖의 지역에서 당첨된 경우: 당첨일부터 5년간
2) 주거전용면적이 85㎡를 초과하는 주택
   • 과밀억제권역 및 성장관리권역에서 당첨된 경우: 당첨일부터 5년간
   • 그 밖의 지역에서 당첨된 경우: 당첨일부터 3년간

재당첨제한에 위반해서 재당첨된 경우에는 입주자선정대상에서 제외되거나 주택공급계약을 취소당하게 된다(주택공급규칙 §23③).

제4절 입주자모집

1. 입주자모집요건

가. 주택건설대지의 확보

사업주체가 입주자모집을 하기 위해서는 무엇보다 주택건설대지의 소유권을 확보해야 한다. 사업주체가 대지의 사용승낙을 받아 주택을 건설하는 경우에는 입주자를 모집하기 전에 그 대지의 소유권을 확보해야 한다. 다만, 다음의 경우에는 미리 소유권을 확보하지 않아도 된다(주택공급규칙 §7⑤).

1) 대지의 소유자가 국가 또는 지방자치단체인 경우
2) 사업주체가 공공사업에 의해 조성된 택지를 공급받아 주택을 건설하는 경우로서 그 공공사업의 시행자와 택지분양계약을 체결해서 그 택지를 사용할 수 있는 권원을 확보한 경우

사업주체가 주택건설대지의 소유권을 확보하고 있으나 그 대지

에 저당권 · 가등기담보권 · 전세권 · 지상권 또는 등기되는 부동산 임차권이 설정되어 있는 경우에는 이를 말소한 후 입주자를 모집해야 한다. 다만, 사업주체가 주택의 입주자에게 주택구입자금을 융자해 줄 목적으로 금융기관으로부터 주택건설자금 또는 주택구입자금을 융자받기 위해 저당권 등을 설정한 경우에는 말소하지 않아도 된다(주택공급규칙 §7④).

나. 선분양요건

주택건설대지의 소유권을 확보하고 사용검사에 관해 대한주택보증주식회사의 분양보증을 받은 경우에는 착공과 동시에 입주자를 모집할 수 있다(주택공급규칙 §7①).

주택건설대지의 소유권을 확보하고 시공권이 있는 등록사업자 2 이상의 연대보증을 받은 경우에는 건축공정이 다음에 해당하게 되면 입주자를 모집할 수 있다(주택공급규칙 §7②, [별표 2]).

1) 아파트: 전체 층수 2/3 이상의 골조공사가 완성된 때

2) 그 밖의 주택: 조적공사가 완성된 때

주택재건축사업의 사업주체가 과밀억제권역 안의 투기과열지구에서 주택을 건설해서 조합원 또는 토지등소유자가 아닌 자에게 공급하는 경우에는 주택건설대지의 소유권을 확보한 후 대한주택보증주식회사의 분양보증을 받거나 사용검사에 관해 시공권이 있는 등록사업자 2 이상의 연대보증을 받은 때에는 건축공정이 전체공정의 80%에 달한 후에 입주자를 모집할 수 있다(주택공급규칙 §7③).

국가 · 지방자치단체 · 대한주택공사 또는 지방공사가 사업주체인 경우에는 건축공정에 관계없이 입주자를 모집할 수 있다(주택공급규칙 §7⑦).

이와 같이 사업주체가 등록사업자 2 이상의 연대보증을 받아

입주자를 모집하는 경우 이는 사업주체와 등록사업자 사이에 사업주체과 주택의 준공을 이행하지 않으면 등록사업자가 이를 대신 이행해서 입주자들에게 분양계약상의 주택공급의무를 이행할 것을 내용으로 하는 이른바 조건부 제3자를 위한 계약이 체결된 것이다. 사업주체가 주택건설의 준공을 지연하거나 준공할 능력을 상실해서 조건이 성취되면 입주자들은 등록사업자의 귀책사유 유무와 관계없이 등록사업자에게 그 수익의 의사표시를 한 후 등록사업자에 대해 분양계약상의 권리를 행사할 수 있다. 이 권리에는 사업주체의 채무불이행을 원인으로 분양계약을 해제하고 그에 따른 원상회복이나 손해배상을 청구할 수 있는 권리도 당연히 포함된다.[12]

2. 입주자모집승인

국가·지방자치단체·대한주택공사 또는 지방공사가 아닌 사업주체는 입주자를 모집하고자 하는 때에는 미리 시장·군수 또는 자치구청장의 승인을 받아야 한다(법 §38①, 주택공급규칙 §8①②).

국가·지방자치단체·대한주택공사 또는 지방공사인 사업주체는 입주자모집내용을 건설교통부장관 및 전산관리지정기관에 통보하면 된다(주택공급규칙 §8①).

3. 입주자모집공고

입주자모집은 공개모집에 의한다. 사업주체는 입주자모집공고를 주택건설지역 주민이 널리 볼 수 있는 일간신문, 관할 시·군·구 인터넷 홈페이지 또는 그 주택건설지역 거주자가 쉽게 접

12) 대법원 1996. 12. 20. 선고 96다34863 판결; 대법원 1997. 6. 27. 선고 96다36647 판결; 대법원 1997. 9. 26. 선고 97다10208 판결.

할 수 있는 일정한 장소에 게시공고해야 한다. 다만, 청약예금제도실시지역 중 수도권 및 광역시에서 100호 또는 100세대 이상의 주택을 공급하거나, 시장·군수 또는 자치구청장이 투기 및 과열경쟁의 우려가 있다고 인정하는 경우에는 일간신문에 공고해야 한다(주택공급규칙 §8①⑤).

입주자모집공고에는 다음 사항이 포함돼야 한다(주택공급규칙 §8⑥).

1) 사업주체명, 시공업체명, 연대보증인 및 사업주체의 등록번호 또는 지정번호
2) 감리회사명 및 감리금액
3) 주택의 건설위치 및 공급세대수
4) 호당 또는 세대당 주택공급면적 및 대지면적
5) 주택의 공급신청자격, 신청시의 구비서류, 신청일시 및 장소
6) 인터넷을 활용한 주택의 공급신청 여부 및 공급신청방법
7) 분양가격 및 임대보증금, 임대료와 청약금·계약금·중도금 등의 납부시기 및 납부방법
8) 대한주택보증주식회사의 분양보증 또는 임대보증금에 대한 보증을 받은 경우에는 그 내용
9) 입주자에 대한 융자지원내용
10) 일정기간이 경과한 후 분양전환되는 임대주택인 경우에는 그 분양전환시기와 분양예정가격의 산출기준 등 분양전환조건에 관한 사항
11) 부대시설 및 복리시설의 내용
12) 입주자 또는 예비입주자 선정일시 및 방법
13) 당첨자의 발표일시·장소 및 방법
14) 이중당첨자 및 부적격당첨자의 처리 및 계약취소에 관한 사항
15) 입주자의 계약일·계약장소 등의 계약사항

16) 입주예정일
17) 도장공사・도배공사・가구공사・타일공사・주방용구공사 및 위생기구공사의 상태를 확인하기 위한 입주자의 사전방문에 관한 사항
18) 그 밖에 시장・군수 또는 자치구청장이 필요하다고 인정하는 사항

"주택공급면적"은 사업주체가 공급하는 주택의 면적으로서 바닥면적에 산입되는 면적을 말한다(칙 §11③, 주택공급규칙 §2).

공동주택의 공급면적을 세대별로 표시하는 경우에는 공용면적과 전용면적으로 구분해서 표시해야 한다. 이 경우 공급면적은 전용면적과 계단・복도・현관 등 공동주택의 지상층에 있는 공용면적(주거공용면적) 이하로 표시하고, 주거공용면적을 제외한 지하층・관리사무소・노인정 등 기타 공용면적은 따로 표시해야 한다(주택공급규칙 §8⑦).

사업주체가 주택을 공급하고자 하는 경우에는 벽지・바닥재・주방용구・조명기구 등을 제외한 부분의 가격을 별도로 제시하고, 이를 입주자가 선택할 수 있도록 해야 한다(법 §38①).

입주자모집공고는 대량의 주택공급거래에서 불특정 다수의 수요자에게 주택공급계약의 내용을 일률적으로 미리 알리고 그 내용에 따른 주택공급청약을 하게 한 후 추첨을 거쳐 당첨자와의 사이에 정형화된 주택공급계약을 체결하기 위한 절차이다. 입주자모집공고는 주택공급계약의 청약 그 자체가 아닌 청약의 유인이라 할 것이다.

사업주체는 분양계약을 체결할 때에 특별한 사정이 없는 한 입주자모집공고와 같은 내용의 계약을 체결하게 되고, 「주택공급에 관한 규칙」에서 주택공급계약서에 분양가격과 납부시기, 주택공급면적(전용면적 및 공용면적)과 대지면적 등을 반드시 포함시키도

록 규정하고 있으며, 분양계약서상 공유대지의 증감이 있을 경우 그에 대한 대금청구를 할 수 없다는 조항을 두고 있는 점을 볼 때, 비록 분양계약서의 공유대지 표기란이 공란이었다 하더라도 분양계약자들과 사업주체는 그 아파트에 대한 분양계약을 체결함에 있어서 공유대지면적에 관해서는 입주자모집공고의 내용을 분양계약내용의 일부로 흡수시키기로 하는 묵시적인 합의가 있었다고 보아야 할 것이다.[13)]

그리고 분양계약서에 동·호수·평형·입주예정일·대금지급방법과 시기 정도만 기재되어 있고 분양계약의 목적물인 아파트 및 그 부대시설의 외형·재질·구조 및 실내장식 등에 대한 구체적인 내용이 기재되어 있지 않은 경우, 분양계약의 목적물인 아파트에 관한 외형·재질 등이 제대로 특정되지 않은 상태에서 체결된 분양계약은 그 자체로서 완결된 것이라고 보기 어렵다 할 것이므로, 비록 입주자모집광고의 내용, 모델하우스의 조건 또는 그 무렵 사업주체가 아파트를 분양받고자 하는 자에게 행한 설명 등이 청약의 유인에 불과하더라도 그러한 광고내용이나 조건 또는 설명 중 구체적 거래조건, 즉 아파트의 외형·재질 등에 관한 것으로서 사회통념에 비추어 아파트를 분양받은 자가 사업주체에게 계약내용으로서 이행을 청구할 수 있다고 보여지는 사항에 관한 한 아파트를 분양받고자 하는 자는 이를 신뢰하고 분양계약을 체결하는 것이고 사업주체도 이를 알고 있었다고 보아야 할 것이므로, 분양계약시에 달리 이의를 유보했다는 등의 특단의 사정이 없는 한, 사업주체와 아파트를 분양받은 자 사이에 이를 분양계약의 내용으로 하기로 하는 묵시적 합의가 있었다고 봄이 상당하다.[14)]

---

13) 대법원 1996. 12. 10. 선고, 94다56098 판결.

14) 대법원 2007. 6. 1. 선고, 2005다5812·5829·5836 판결. 이 판결에서는 온천 광고, 바닥재(원목마루) 광고, 유실수단지 광고 및 테마공원 광고는 아

또한 우리 사회 통념상 공동묘지가 주거환경과 친한 시설이 아니어서 분양계약의 체결 여부 및 가격에 상당한 영향을 미치는 요인일 뿐만 아니라 대규모 공동묘지를 가까이에서 조망할 수 있는 곳에 아파트단지가 들어선다는 것은 통상 예상하기 어렵다는 점 등을 감안할 때 사업주체는 아파트단지 인근에 공동묘지가 조성되어 있는 사실을 입주자에게 고지할 신의칙상의 의무가 있다.[15)]

사업주체가 사업계획승인을 받은 복리시설 중 근린생활시설·유치원 등 일반에게 공급하는 복리시설의 입주자를 모집하는 경우에는 입주자모집 5일 전까지 시장·군수 또는 자치구청장에게 신고해야 한다(주택공급규칙 §21①).

4. 복리시설의 입주자모집

사업주체가 사업계획승인을 얻은 복리시설 중 근린생활시설·유치원 등 일반에게 공급하는 복리시설의 입주자를 모집하는 경우에는 입주자모집 5일 전까지 시장·군수 또는 자치구청장에게 신고해야 한다(주택공급규칙 §21①).

복리시설의 공급대상자의 모집시기 및 조건에 관해서는 주택의 입주자모집시기 및 요건에 관한 「주택공급에 관한 규칙」 제7조를 준용한다(주택공급규칙 §21②). 즉 복리시설을 공급할 때에도 사업

파트의 외형·재질 등에 관한 것으로서, 콘도회원권 광고는 아파트에 관한 것은 아니지만 부대시설에 준하는 것이고 또한 이행 가능하다는 점에서 각각 분양계약의 내용이 된다고 보았다.

15) 대법원 2007. 6. 1. 선고, 2005다5812·5829·5836 판결. 이 판결에서는 온천 광고, 바닥재(원목마루) 광고, 유실수단지 광고 및 테마공원 광고는 아파트의 외형·재질 등에 관한 것이라는 점에서, 콘도회원권 광고는 아파트에 관한 것은 아니지만 부대시설에 준하는 것이고 또한 이행 가능하다는 점에서 각각 분양계약의 내용이 된다고 보았다.

주체는 주택의 경우와 같이 대지의 소유권을 확보해야 하며, 선분양요건을 적용받는다.

5. 견본주택의 건설

사업주체가 주택의 판매·촉진을 위해 견본주택을 건설하고자 하는 경우 견본주택의 내부에 사용하는 마감자재 및 가구는 사업계획승인 내용과 동일한 마감자재로 시공·설치해야 한다(법 §38의3①).

사업주체가 입주자모집승인을 받고자 하는 때에는 견본주택에 사용되는 마감자재의 규격·성능 및 재질을 기재한 목록표(마감자재목록표), 견본주택의 각 실의 내부를 촬영한 영상물 등을 제작해서 시장·군수 또는 자치구청장에게 제출해야 한다(법 §38③).

사업주체는 주택공급계약체결시 입주예정자에게 마감자재목록표를 제공해야 한다(법 §38④).

제5절 분양주택의 공급

1. 주택의 공급방법

주택의 공급방법은 일반공급·특별공급 및 단체공급으로 구분한다(주택공급규칙 §10①).

일반공급의 방법으로 입주자를 선정하는 때에는 입주자모집공고일 현재의 입주자선정순위별로 선정하되, 동·호수의 배정은 추첨의 방법에 따른다(주택공급규칙 §10②).

주택공급신청자 중 수도권의 다른 주택건설지역의 주택을 공급받고자 하는 수도권거주자가 있는 경우 동일순위 안에서는 그 주택건설지역의 거주자가 우선한다(주택공급규칙 §10③).

건설교통부장관은 필요한 경우 수도권 또는 광역시 지역의 주택난 해소를 위해 건설교통부장관이 지정하는 지역에서 건설하는 주택 또는 근로자주택 등 법령의 규정에 의해 건설하거나 정부시책의 일환으로 건설하는 주택에 대해서는 공급방법을 따로 정할 수 있다(주택공급규칙 §10⑦).

사업주체는 주택을 일반공급하는 경우에는 순위에 따라 공급대상주택수의 20% 이상의 예비입주자를 선정해야 한다(주택공급규칙 §16①).

사업주체가 입주자 및 예비입주자를 선정한 때에는 그 명단을 지체 없이 공고하되, 청약예금제도실시지역 중 수도권 및 광역시에서 입주자저축취급기관이 입주자를 선정한 때에는 그 입주자명단을 일간신문에 공고해야 한다(주택공급규칙 §10④).

사업주체는 입주자를 선정하고 남은 주택이 있는 경우에는 선착순의 방법에 의해 입주자를 선정할 수 있다(주택공급규칙 §10⑥).

2. 토지임대부 및 환매조건부 주택의 공급

국가·지방자치단체·대한주택공사 및 지방공사는 토지임대부 분양주택과 환매조건부 분양주택을 공급할 수 있다(법 §38의5).

토지임대부 분양주택은 토지의 소유권은 주택을 분양한 자(분양한 자가 토지를 임차해서 건설·분양한 경우에는 토지를 임대한 자)가 갖고, 건물부분에 대한 소유권은 주택을 분양받은 자가 갖도록 해서 분양하는 주택을 말한다(법 §38의5).

환매조건부 분양주택은 주택의 입주자가 최초로 주택공급계약 체결이 가능한 날부터 20년 내에 처분하는 경우에는 사업주체가 환매하는 것을 조건으로 분양하는 주택을 말한다. 이 경우 환매에 관한 「민법」 제591조 및 제593조 내지 제595조의 규정은 적용되지 않는다(법 §38의5, 영 §42의16①).

3. 국민주택 등의 일반공급

가. 입주자선정순위

국민주택 등(민간건설 중형국민주택은 제외)의 입주자선정순위는 다음과 같다(주택공급규칙 §11①).

1) 제1순위: 청약저축에 가입해서 2년이 경과된 자로서 매월 납입약정일에 월납입금을 24회 이상 납입한 자. 다만, 투기과열지구에서 공급하는 주택인 경우에는 과거 5년 이내에 다른 주택의 당첨자가 된 자의 세대에 속한 자를 제외한다.
2) 제2순위: 청약저축에 가입해서 6월이 경과된 자로서 매월 납입약정일에 월납입금을 6회 이상 납입한 자
3) 제3순위: 기 타

나. 동일순위 안에서 경쟁이 있는 경우

제1순위 및 제2순위 안에서 경쟁이 있는 때에는 다음의 순차별로 공급한다(주택공급규칙 §11②).

1) 40㎡를 초과하는 주택
   - 5년 이상 무주택세대주로서 매월 납입약정일에 월납입금을 60회 이상 납입한 자 중 저축총액이 많은 자
   - 3년 이상 무주택세대주로서 저축총액이 많은 자
   - 저축총액이 많은 자
   - 납입횟수가 많은 자
   - 부양가족이 많은 자
   - 그 주택건설지역에 장기간 거주한 자
2) 40㎡ 이하인 주택

- 5년 이상 무주택세대주로서 납입횟수가 많은 자
- 3년 이상 무주택세대주로서 납입횟수가 많은 자
- 납입횟수가 많은 자
- 부양가족이 많은 자
- 그 주택건설지역에 장기간 거주한 자

다. 그 밖의 경우

다음의 경우에는 추첨의 방법으로 입주자를 선정한다(주택공급규칙 §11③).

1) 제3순위 안에서 경쟁이 있는 경우
2) 같은 순차 안에서 경쟁이 있는 경우

4. 민간건설 중형국민주택의 일반공급

가. 입주자선정순위

민간건설 중형국민주택의 입주자선정순위는 다음과 같다. 이 경우 청약부금에 가입해서 매월 약정납입일에 월납입금을 납입해서 85㎡ 이하의 민영주택을 청약할 수 있는 예치금액 이상을 납입한 자는 85㎡ 이하의 주택을 청약할 수 있는 청약예금에 가입한 것으로 본다(주택공급규칙 §11의2①).

1) 제1순위: 청약저축에 가입해서 2년이 경과된 자로서 매월 약정납입일에 월납입금을 24회 이상 납입한 자, 청약예금제도실시지역에서 입주자를 모집하는 경우로서 85㎡ 이하의 주택의 청약이 가능한 청약예금에 가입해서 2년이 경과되고 필요한 예치금액을 예치한 자, 그리고 청약예금제도실시지역에서 입주자를 모집하는 경우로서 청약부금에 가입해서 2년이 경과되고 매월 약정납입일에 월납입금을 납입해서 85㎡ 이하의 주택에 청약할 수 있는 청약예금 예치금액 이상을

납입한 자. 다만, 다음에 해당하는 자는 제외한다.

- 투기과열지구 안에서 주택을 공급하는 경우에는 세대주가 아닌 자
- 투기과열지구 안에서 주택을 공급하는 경우에는 과거 5년 이내에 다른 주택의 당첨자가 된 자의 세대에 속한 자
- 2호 또는 2세대 이상의 주택을 소유한 세대에 속한 자

2) 제2순위: 다음에 해당하는 자

- 청약저축에 가입해서 6개월이 경과된 자로서 매월 약정납입일에 월납입금을 6회 이상 납입한 자
- 청약예금제도실시지역에서 입주자를 모집하는 경우로서 85제곱미터 이하의 주택의 청약이 가능한 청약예금에 가입해서 6개월이 경과되고 별표 1의2의 예치금액에 상당하는 금액을 예치한 자
- 청약예금제도실시지역에서 입주자를 모집하는 경우로서 청약부금에 가입해서 6개월이 경과되고 매월 약정납입일에 월납입금을 납입해서 85㎡ 이하의 청약예금 예치금액 이상을 납입한 자
- 청약저축에 가입해서 2년이 경과된 자로서 매월 약정납입일에 월납입금을 24회 이상 납입한 자로서 다음에 해당하는 자.
  - 투기과열지구 안에서 주택을 공급하는 경우에는 세대주가 아닌 자
  - 투기과열지구 안에서 주택을 공급하는 경우에는 과거 5년 이내에 다른 주택의 당첨자가 된 자의 세대에 속한 자
  - 2호 또는 2세대 이상의 주택을 소유한 세대에 속한 자

3) 제3순위: 기 타

입주자저축에 가입한 자가 입주자저축의 종류 또는 금액을 변

경한 경우에는 입주자모집공고일 전에 변경한 경우에 한해 입주자선정순위를 적용한다(주택공급규칙 §11의2⑥).

나. 동일순위 안에서 경쟁이 있는 경우

순위별 입주자를 선정하는 경우에는 75%는 가점제로 입주자를 선정하고, 나머지는 추첨으로 입주자를 선정해야 한다. 이 경우 1호 또는 1세대의 주택을 소유한 세대에 속한 자는 가점제의 적용 대상자에서 제외한다. 이 경우 가점점수가 같은 때에는 추첨에 의한다(주택공급규칙 §11의2②③④).

제3순위 안에서 경쟁이 있는 경우에는 추첨의 방법으로 입주자를 선정한다(주택공급규칙 §11의2⑤).

5. 민영주택의 일반공급

가. 입주자선정순위

청약예금제도 실시지역에서 건설·공급하는 민영주택의 입주자 선정순위는 다음과 같다. 이 경우 청약부금에 가입해서 매월 약정납입일에 월납입금을 납입해서 85㎡ 이하의 민영주택을 청약할 수 있는 예치금액 이상을 납입한 때에는 85㎡ 이하의 민영주택을 청약할 수 있는 청약예금에 가입한 것으로 본다(주택공급규칙 §12①).

1) 제1순위: 청약예금에 가입해서 2년이 경과한 자로서 필요한 금액을 예치 또는 납입한 자와 청약부금에 가입해서 2년이 경과되고 매월 약정납입일에 월납입금을 납입해서 85㎡ 이하의 주택에 청약할 수 있는 청약예금 예치금액 이상을 납입한 자. 다만, 다음에 해당하는 자를 제외한다.
   - 투기과열지구 안에서 주택을 공급하는 경우에는 세대주가 아닌 자

- 투기과열지구 안에서 주택을 공급하는 경우에는 과거 5년 이내에 다른 주택의 당첨자가 된 자의 세대에 속한 자
- 2호 또는 2세대 이상의 주택을 소유한 세대에 속한 자

2) 제2순위: 다음에 해당하는 자

- 청약예금에 가입해서 6개월이 경과되고 필요한 예치금액을 예치한 자
- 청약부금에 가입해서 6개월이 경과되고 매월 약정납입일에 월납입금을 납입해서 85㎡ 이하의 주택에 청약할 수 있는 청약예금 예치금액 이상을 납입한 자
- 청약예금에 가입해서 2년이 경과한 자로서 필요한 금액을 예치 또는 납입한 자로서 다음에 해당되는 자
  - 투기과열지구 안에서 주택을 공급하는 경우에는 세대주가 아닌 자
  - 투기과열지구 안에서 주택을 공급하는 경우에는 과거 5년 이내에 다른 주택의 당첨자가 된 자의 세대에 속한 자
  - 2호 또는 2세대 이상의 주택을 소유한 세대에 속한 자

3) 제3순위: 기 타

입주자저축에 가입한 자가 입주자저축의 종류 또는 금액을 변경한 경우에는 입주자모집공고일 전에 변경한 경우에 한해 입주자선정순위를 적용한다(주택공급규칙 §11의2⑩).

나. 동일순위 안에서 경쟁이 있는 경우

85㎡ 이하의 민영주택의 입주자를 선정하는 경우 같은 순위 안에서 경쟁이 있으면 그 순위에 해당하는 자에게 75%는 가점제에 의해 선정하고, 나머지는 추첨으로 입주자를 선정한다(주택공급규칙 §11의2②).

85㎡ 초과 민영주택으로서 제2종국민주택채권 매입대상인 주

택의 입주자를 선정하는 경우 같은 순위 안에서 경쟁이 있으면 순위별로 제2종국민주택채권 매입예정액이 많은 자를 우선적으로 입주자로 선정해야 한다. 이 경우 제1순위 또는 제2순위 안에서 제2종국민주택채권의 매입예정액이 같은 자 사이에 경쟁이 있는 때에는 50%는 가점제에 의해 입주자를 선정하고, 나머지 주택은 추첨으로 입주자를 선정한다(주택공급규칙 §11의2④).

85㎡ 초과 민영주택으로서 제2종국민주택채권 매입대상이 아닌 주택의 입주자를 선정하는 경우 같은 순위 안에서 경쟁이 있으면 50%는 가점제를 우선적으로 적용해서 입주자를 선정하고, 나머지 주택은 추첨으로 입주자를 선정한다(주택공급규칙 §11의2⑥).

가점제 점수가 같은 경우에는 추첨의 방법에 의한다(주택공급규칙 §11의2⑧).

제3순위 안에서 경쟁이 있는 경우에는 추첨으로 입주자를 선정한다(주택공급규칙 §11의2⑨).

6. 일반공급에 의한 주택의 우선공급

가. 국가·지방자치단체·대한주택공사 또는 지방공사가 85㎡ 이하의 주택을 공급하는 경우

국가·지방자치단체·대한주택공사 및 지방공사인 사업주체가 85㎡ 이하로 건설해서 공급하는 주택의 경우에는 입주자선정순위 제1순위에 해당하는 자로서 입주자모집공고일 현재 65세 이상의 직계존속을 3년 이상 부양하고 있는 무주택세대주에게 그 건설량의 10%의 범위 안에서 우선공급할 수 있다(주택공급규칙 §19의2).

나. 청약예금제도가 실시되지 않았거나 실시된 지 2년이 되지 않은 지역에서 민영주택을 공급하는 경우

특별시장·광역시장·시장 또는 군수는 사업주체가 청약예금제도실시지역이 아닌 지역이나 청약예금제도가 실시된 지 2년이 경과되지 않은 지역에서 민영주택을 공급하는 때에는 입주자모집공고일 현재 그 주택건설지역의 거주자에게 다음의 순위에 따라 우선공급하게 할 수 있다. 이 경우 그 주택건설지역이 수도권인 때에는 일반공급 주택수의 50%를 우선공급하게 할 수 있다(주택공급규칙 §13③).

1) 제1순위: 그 주택건설지역에 3년 이상 거주하고 있는 세대주
2) 제2순위: 그 주택건설지역에 1년 이상 거주하고 있는 세대주
3) 제3순위: 그 주택건설지역에 1년 미만 거주하고 있는 세대주

동일한 순위 안에서 경쟁이 있는 경우에는 추첨에 의한다(주택공급규칙 §13⑤)

다. 행정구역의 통합으로 주택건설지역이 변동된 지역에서 민영주택을 공급하는 경우

특별시장·광역시장·시장 또는 군수는 시·군의 행정구역의 통합으로 주택건설지역의 변동이 있는 경우 통합 전의 군주택건설지역에서 통합일부터 2년 이내에 사업주체가 민영주택을 공급하는 때에는 통합 전의 군주택건설지역의 거주자를 대상으로 우선공급하게 할 수 있다(주택공급규칙 §13④).

라. 건축허가를 받아 주상복합건축물을 건설·공급하는 경우

건축주가 건축허가를 받아 주택 외의 시설과 주택을 동일건축물로 20호 또는 20세대 이상으로 건설·공급하는 경우 그 건축물 중 주택에 대해서는 해당 사업부지의 소유자에게 1세대 1주택을 기준으로 우선공급할 수 있다(주택공급규칙 §13⑥).

마. 제2종국민주택채권을 매입해야 하는 주택을 공급하는 경우

사업주체가 제2종국민주택채권을 매입해야 하는 주택을 공급하는 경우에는 민영주택의 입주자선정순위별로 입주자를 선정하되, 제2종국민주택채권 매입예정액이 많은 자를 우선해서 입주자로 선정해야 한다. 이 경우 시장·군수 또는 자치구청장은 입주자모집공고안을 승인할 때에 채권매입예정액의 상한액을 정해서 사업주체로 하여금 입주자모집공고안에 명시하도록 해야 하고, 국가·지방자치단체·대한주택공사 또는 지방공사인 사업주체는 채권매입예정액의 상한액을 정해 입주자모집 공고안에 명시해야 한다. 채권매입예정액의 상한액은 그 주택의 분양가격과 채권의 예상손실금액을 합한 금액이 인근지역의 주택매매가격의 80% 이상이 되도록 정해야 한다(주택공급규칙 §12의2①② §12의2③).

특별공급하는 85㎡ 초과의 주택(분양가상한제 적용주택에 한함)을 공급받고자 하는 자는 그 주택이 속한 단지에서 일반공급되는 주택으로서 그 주택과 같은 면적의 주택의 당첨자에 대한 평균적인 제2종국민주택채권의 매입예정액만큼의 채권을 매입해야 한다(주택공급규칙 §12의2⑥).

7. 주택의 특별공급

다음의 경우에는 주택을 특별공급할 수 있다(주택공급규칙 §19 ①②③⑤⑥).

1) 국가유공자 또는 그 유족, 북한이탈주민, 철거되는 주택의 소유자, 철거되는 주택의 세입자(임대주택에 한함), 일본군위안부 피해자(임대주택에 한함), 국민주택기금에 예탁된 연금기금 또는 자금을 적립한 자, 장애인, 우수선수 및 우수기능인, 중소기업 근로자 등으로서 입주자모집공고일 현재 무주택세대주인 자에게 국민주택 등을 공급하는 경우(주택건설량

의 10% 이내)

2) 85㎡ 이하의 민영주택을 공급하는 경우(주택건설량의 10% 이내)

3) 개발제한구역을 해제해서 택지개발사업 또는 도시개발사업을 시행하는 경우 그 공공사업의 시행을 위해 철거되는 주택의 소유자와 사업시행지구 안의 소유토지 전부를 협의양도한 결과 「택지개발촉진법 시행령」 또는 「도시개발법 시행령」에 의해 택지를 공급받을 수 있는 자로서 입주자모집공고일 현재 무주택세대주인 자에게 85㎡ 이하의 주택을 공급하는 경우

4) 수도권 바깥으로 이전하는 학교·공장·기업 및 기업부설연구소에 근무하는 자에게 수도권 바깥 지역의 민영주택을 공급하는 경우(주택건설량의 10% 이내)

5) 입주자모집공고일 현재 3명 이상의 미성년자녀를 둔 무주택세대주에게 주택을 공급하는 경우(주택건설량의 3% 이내)

일반적으로 특별공급에 관한 규정은 단순히 사업주체에게 특별공급을 할 수 있는 권능을 부여하는 데에 그치고, 특별공급대상자들에게 특별공급을 받을 수 있는 권리 또는 특별공급을 신청할 수 있는 권리를 부여하는 것은 아니라 할 것이다.

개발제한구역을 해제해서 택지개발사업 또는 도시개발사업을 시행하는 경우 사업시행지구 안의 소유토지 전부를 사업시행자에게 협의양도한 결과 「택지개발촉진법 시행령」 또는 「도시개발법 시행령」에 의해 택지를 공급받을 수 있는 자를 특별공급대상자로 규정한 것은 택지개발사업 또는 도시개발사업에 협조한 자에게 특별공급의 기회를 부여함으로써 택지개발사업 또는 도시개발사업, 나아가 주택건설사업의 원활을 기하기 위한 것이다.[16] 그러나 이는 단순히 사업주체로 하여금 소유토지를 협의양도한 자에게

특별분양을 할 수 있도록 하는 권능을 부여하는 데에 그치는 것이 아니라, 특별공급의 요건을 갖추기 위해 공공사업에 협력한 자에게 특별공급의 기회를 요구할 수 있는 법적인 이익을 부여하고 있는 것이라고 보아야 할 것이다. 따라서 사업시행지구 안의 소유토지 전부를 사업시행자에게 협의양도한 자에게는 특별공급 신청권이 인정된다.[17] 이는 어디까지나 "특별공급을 신청할 수 있는 권리"일 뿐 "특별공급을 받을 권리"는 아니므로 사업계획상 특별공급을 할 수 있을 만큼 주택의 여유가 없는 경우에는 특별공급을 받을 수 없게 될 것이다. 그리고 국가 또는 지방자치단체인 사업주체가 이들의 특별공급신청을 거부한 경우 이는 항고소송의 대상이 되는 거부처분이 된다.[18]

"철거되는 주택의 소유자"는 협의보상에 응했는지 여부와 관계없이 특별공급대상자에 해당되는데,[19] 철거의 유형이 다양하므로 철거민에게도 소유토지를 시행자에게 협의양도한 자와 마찬가지로 특별공급신청권이 있는지는 일률적으로 논할 수 없다. 공익사업의 시행자는 공익사업의 시행으로 인해 주택을 제공함에 따라 생활의 근거를 상실하게 되는 자를 위해 이주대책을 수립해야 하고, 사업시행자가 「택지개발촉진법」·「주택법」 등 관계법령에 의해 이주대책대상자에게 택지 또는 주택을 공급한 경우(사업시행자의 알선에 의해 공급한 경우를 포함함)에는 이주대책을 수립·실시한 것으로 본다(공익사업을 위한 토지 등의 취득 및 보상에 관한 법률 §78①, 동법 시행령 §40②). 이는 공익사업으로 인해 주택을 철거당함으로써 생활근거를 상실한 자의 주거를 보호하기 위한 취지라 할 것이므로 그 주택건설사업과 관련하여 주택을 철거당한

16) 대법원 1993. 3. 12. 선고, 92누12803 판결.
17) 대법원 1992. 1. 21. 선고, 91누2649 판결.
18) 대법원 1992. 1. 21. 선고, 91누2649 판결.
19) 대법원 1993. 3. 12. 선고, 92누12803 판결.

자와 같이 이주대책대상자에 해당되는 철거민에 대해서는 특별분양신청권을 인정해야 할 것이다.

8. 직장주택조합의 단체공급

사업주체는 국민주택을 공급받기 위해 설립신고된 직장주택조합에 국민주택 등을 건설량의 40% 범위 안에서 우선공급할 수 있다. 이를 단체공급이라 한다(주택공급규칙 §20①).

단체공급을 받기 위해서는 입주자모집공고일 현재 조합원이 20인 이상이어야 한다. 그러나 순위별로 단체공급을 받은 후 남은 조합원 수가 20인 미만인 경우에는 단체공급을 받을 수 있다(주택공급규칙 §20①).

단체공급을 받고자 하는 직장조합의 조합원은 청약저축에 가입해서 매월 약정납입일에 월납입금을 6회 이상 납입했어야 한다(주택공급규칙 §20②).

9. 대규모 택지개발지구의 주택에 대한 특례

「택지개발촉진법」에 의한 택지개발사업이 시행되는 지역(서울특별시를 제외한 수도권지역에 한함)으로서 면적이 66만㎡ 이상인 대규모 택지개발지구에서 건설되는 주택의 공급대상에 관해서는 그 주택건설지역의 거주자가 우선한다는 규정과 민영주택의 입주자 선정순위에 관한 규정을 적용하지 않는다. 다만, 공급주택수의 30%의 범위 안에서는 건설교통부장관이 정하는 바에 의해 입주자모집공고일 현재 특별시장·광역시장·시장 또는 군수가 정하는 일정기간 이상 그 주택건설지역에 거주하고 있는 자에게 우선공급할 수 있다(주택공급규칙 §30①).

대규모 택지개발지구에서 건설되는 주택의 공급대상자를 선정함에 있어서 주택상환사채를 매입한 자(상환 전에 중도에 해약하였거나 주택분양 전에 현금으로 상환받은 자는 제외)는 당첨자로 본다(주택공급규칙 §20③).

第6절 임대주택의 공급

1. 영구임대주택의 입주자선정

영구임대주택(임대의무기간이 50년인 건설임대주택)은 무주택세대주에게 다음의 순위에 따라 공급한다(주택공급규칙 §31①②).

1) 제1순위: 「국민기초생활보장법」에 의한 수급자, 국가유공자 또는 그 유족, 일본군위안부 피해자, 보호대상 모·부자가정, 북한이탈주민, 장애인, 65세 이상의 직계존속을 부양하는 자, 아동복지시설에서 퇴소하는 자 등으로서 무주택세대주인 자
2) 제2순위: 「국민기초생활보장법」에 의한 수급자, 국가유공자 또는 그 유족, 일본군위안부 피해자, 보호대상 모·부자가정 등에 준하는 자로서 무주택세대주인 자
3) 제3순위: 무주택세대주로서 청약저축가입자

영구임대주택의 입주자로 선정되더라도 청약저축은 해약되지 않는다(주택공급규칙 §31③).

2. 국민임대주택의 입주자선정

국민임대주택(임대의무기간이 30년인 공공건설임대주택)은 무주택세대주로서 그 세대의 월평균소득이 전년도 도시근로자 가구당 월평균소득의 70% 이하인 자에게 공급한다(주택공급규칙 §32①).

50㎡ 미만인 국민임대주택의 입주자선정순위는 다음과 같다.

이 경우 전년도 도시근로자 가구당 월평균소득의 50% 이하인 자에게 우선공급해야 한다(주택공급규칙 §32①).

1) 제1순위: 그 주택이 건설되는 시·군·구에 거주하는 자
2) 제2순위: 그 주택이 건설되는 시·군·구에 연접한 시·군·구 중 사업주체가 지정하는 시·군·구에 거주하는 자
3) 제3순위: 제1순위 및 제2순위에 해당되지 아니하는 자

50㎡ 이상 60㎡ 이하인 국민임대주택의 입주자선정순위는 다음과 같다. 이 경우 그 주택이 건설되는 시·군·구에 거주하는 자에게 우선공급할 수 있다(주택공급규칙 §32②).

1) 제1순위: 청약저축에 가입해서 24회 이상 납입한 자
2) 제2순위: 청약저축에 가입해서 6회 이상 납입한 자
3) 제3순위: 제1순위 및 제2순위에 해당되지 아니하는 자

청약저축가입자가 국민임대주택의 입주자로 선정된 경우에는 이를 이유로 그 청약저축은 해약되지 않는다(주택공급규칙 §32⑩).

동일순위 안에서 경쟁이 있는 때에는 세대주의 나이, 부양가족의 수, 그 지역 거주기간, 직계존속의 부양 여부, 자녀의 수, 청약저축 납입횟수, 중소기업(제조업) 근로자 여부, 사회취약계층 여부 등에 따른 배점을 합산한 순위에 따라 입주자를 선정한다(주택공급규칙 §32⑧).

입주자선정순위에 따라 입주자를 선정하고 남은 주택이 있는 경우에는 선착순의 방법에 의해 입주자를 선정할 수 있다(주택공급규칙 §32⑨).

3. 국민임대주택의 우선공급

국민임대주택의 사업주체는 다음의 사람에게 입주자선정 순위에 불구하고 그 안에서 국민임대주택을 우선공급할 수 있다(주택공급규칙 §32④⑤⑥).

1) 철거주택의 소유자 및 세입자와 사업주체의 부도로 공공건설임대주택에서 퇴거한 자(주택건설량의 10% 이내)
2) 직계존속을 부양하고 있는 자, 장애인등록증, 국가유공자 또는 그 유족, 북한이탈주민, 중소기업 근로자, 3명 이상의 미성년자녀가 있는 세대주, 보호 대상 모·부자가정, 소년·소녀가정으로서 시장·군수 또는 자치구청장이 국민임대주택의 사업주체에게 추천하는 자 등(주택건설량의 20% 이내).
3) 입주자격 상실 등의 사유로 영구임대주택에서 퇴거하는 자(주택건설량의 5% 이내).

4. 융자금미상환 임대주택 등에 관한 특례

대한주택공사와 지방공사는 「국민임대주택건설 등에 관한 특별조치법」 제27조의2와 「부도공공건설임대주택 임차인 보호를 위한 특별법」 제5조 및 제10조에 의해 국민주택기금 융자금미상환 임대주택[20]과 부도임대주택[21]을 매입해서 국민임대주택 등으로 공급할 수 있다.

이 경우 임대주택은 무주택세대주인 자에게 공급하되, 다음의 순위에 따라 입주자를 선정한다(주택공급규칙 §32의2①).

---

20) 국민주택기금의 자금융자를 받아 건설된 임대주택으로서 그 소유자가 6월 이상 국민주택기금의 융자금의 원리금을 상환하지 않고 있는 주택 중 건설교통부장관이 지정·고시하는 주택을 말한다(국민임대주택건설 등에 관한 특별조치법 §27①, 동법 시행령 §19).

21) 부도임대주택은 다음의 임대주택을 말한다.
  1. 2005. 12. 13. 당시 임대 중인 공공건설임대주택으로서 「부도공공건설임대주택 임차인 보호를 위한 특별법」 시행(2007. 4. 20) 전에 부도 등이 발생한 임대주택
  2. 「국민임대주택건설 등에 관한 특별조치법」 제27조의2에 의해 건설교통부장관이 지정·고시하는 부도임대주택

1) 제1순위: 해당 임대주택에 거주하는 임차인
2) 제2순위: 해당 임대주택의 임차인과 임대차 계약을 체결하고 그 임대주택에 거주하는 자
3) 제3순위: 해당 임대주택단지 안의 국민주택기금융자금미상환 임대주택 등에 거주하는 자

5. 임대주택의 입주자관리

임대주택의 입주자가 그 주택에서 퇴거할 때에는 사업주체에게 그 주택을 명도해야 한다(주택공급규칙 §29③).

임대주택의 입주자로 선정된 자는 임대주택의 임대기간 만료시까지 거주할 수 있다. 다만, 임대기간 만료 전에 다른 주택을 소유하게 된 경우에는 그 임대주택을 사업주체에게 명도해야 한다(주택공급규칙 §29④).

사업주체는 임대주택의 입주자에 대해 매년 1회 이상 주택소유 여부를 전산검색해야 한다(주택공급규칙 §29⑤).

제7절 주택공급의 전산관리

1. 무주택기간 및 주택소유 여부의 전산검색

사업주체(사업주체가 국가 또는 지방자치단체인 경우에는 특별시장·광역시장 또는 도지사를 말함)가 주택의 입주자를 선정하거나 사업계획상의 입주자를 확정하고자 하는 경우에는 주택전산망에 의해 입주대상자로 선정된 자 또는 사업계획상 입주대상자로 확정된 자의 무주택기간, 주택소유 여부 등의 전산검색을 건설교통부장관에게 의뢰해야 한다(주택공급규칙 §21의2①).

사업주체는 서류확인 또는 전산검색 결과 부적격자로 판정된 자에 대해서는 그 결과를 통보하고, 10일 이상의 기간을 정해 소명서류 등을 제출하도록 해서 공급자격 또는 선정순위의 정당 여부를 확인한 후 입주자를 선정하거나 사업계획상의 입주대상자를 확정해야 한다(주택공급규칙 §21의2③).

2. 당첨자명단의 전산관리

사업주체(사업주체가 국가・지방자치단체・대한주택공사・지방공사 또는 등록사업자가 아닌 경우에는 시장・군수 또는 자치구청장을 말함) 또는 청약접수 및 입주자선정업무를 대행하는 입주자저축취급기관은 당첨자(주택을 공급받거나 입주대상자로 확정된 자)의 명단이 확정된 경우에는 그 명단을 지체 없이 전산관리지정기관에 통보해야 한다(주택공급규칙 §22①).

전산관리지정기관은 당첨자 명단을 전산검색해서 부적격당첨자의 명단을 사업주체 등에게 통보해야 한다. 사업주체 등은 부적격당첨자에게 그 사실을 통보하고, 10일 이상의 기간을 정해 소명자료를 제출받아 공급자격의 정당 여부를 확인해야 하며, 그 기간 내에 소명하지 않은 자에 대해서는 입주자선정대상에서 제외하거나 공급계약을 취소해야 한다(주택공급규칙 §22⑧⑨).

아파트 입주자 선정업무를 대행하는 은행의 직원이 분양을 신청한 자의 성명을 잘못 전산입력하고 그 잘못된 성명으로 당첨자 발표까지 해서 당첨자가 소정기간 내에 매매계약을 체결하지 못해 분양받을 권리를 상실한 경우 이 직원들의 사용자인 은행이 손해를 배상할 책임이 있다.[22)]

---

22) 대법원 1992. 6. 23. 선고, 91다43657 판결.

제8절 주택공급질서교란행위의 금지

1. 주택공급질서교란행위

가. 주택공급질서교란행위

누구든지 「주택법」에 의해 건설·공급되는 주택을 공급받거나 공급받게 하기 위해서 다음의 증서 또는 지위를 양도 또는 양수(매매·증여 그 밖에 권리의 변동을 수반하는 일체의 행위를 포함하되, 상속 및 저당은 제외)하거나 이를 알선하면 안 되며, 누구든지 거짓 그 밖의 부정한 방법으로 「주택법」에 의해 건설·공급되는 증서나 지위 또는 주택을 공급받거나 공급받게 하면 안 된다 주택공급질서교란행위를 한 자는 3년 이하의 징역 또는 3,000만원 이하의 벌금에 처한다(법 §39①, §96), 영 §43①).

1) 조합주택을 공급받을 수 있는 지위
2) 주택상환사채
3) 입주자저축증서
4) 시장·군수 또는 자치구청장이 발행한 무허가건물확인서·건물철거예정증명서 또는 건물철거확인서
5) 공공사업의 시행으로 인한 이주대책에 의해서 주택을 공급받을 수 있는 지위 또는 이주대책대상자확인서

나. 사위 기타 부정한 방법

"사위 기타 부정한 방법으로 주택을 공급받거나 공급받게 하는" 행위는 주택을 공급받을 자격이 없는 자가(또는 그러한 자격이 없는 자에게) 그 자격이 있는 것으로 가장하는 등 정당성이 결여된 부정한 방법으로 주택을 공급받는(또는 공급받게 하는) 사회통념상 거짓·부정으로 인정되는 모든 행위를 말한다.[23] 주택조합

의 조합원이 될 수 있는 자격을 갖추지 못한 자가 그러한 자격을 갖춘 것으로 가장하여 주택조합에 가입한 후 「주택법」에 의하여 건설·공급되는 주택을 공급받는 것은 "사위 기타 부정한 방법"에 해당된다.[24)]

이러한 행위는 적극적 행위(작위)뿐만 아니라 소극적 행위(부작위)도 포함한다. 예컨대, 예비당첨자들에 대한 계약이 끝나고 미계약분 아파트에 대해 사전예약자들을 상대로 분양함에 있어 사전예약자들에게 미계약분 아파트 모두를 공개한 다음 그에 대해 선착순분양을 해야 함에도 불구하고, 특정인에게 특혜분양을 해 주기 위해 속칭 "로얄층"에 해당하는 동·호수의 미계약 아파트에 대해 이미 계약이 된 것처럼 사전예약자들에게 공개하지 않고 분양한 것은 "거짓 그 밖의 부정한 방법으로 주택을 공급받게" 한 것에 해당한다.[25)]

"사위 기타 부정한 방법으로 주택을 공급받거나 공급받게 하는" 행위가 반드시 그 행위자에게 투기성이 있어야 하는 것은 아니다.[26)]

또한 "사위 기타 부정한 방법으로 주택을 공급받거나 공급받게 하는" 행위가 정당성이 결여된 부정한 방법으로 주택을 공급받거나 공급받게 하는 행위를 의미하므로 그와 같은 방법으로 분양받지 않은 이상 이를 전매하더라도 주택공급질서교란행위가 되지 않는다.[27)] 예컨대, 이주대책에 의해 아파트의 입주자로 선정된 후 제3자에게 아파트를 전매한 경우[28)]와 국민주택인 임대아파트에

23) 대법원 2005. 10. 7. 선고, 2005도2652 판결.

24) 대법원 1993. 5. 14. 선고, 93도267 판결.

25) 대법원 2005. 10. 7. 선고, 2005도2652 판결.

26) 대법원 1994. 1. 14. 선고, 93도2579 판결; 대법원 1997. 6. 27. 선고, 95다47350 판결.

27) 대법원 1997. 6. 27. 선고, 95다47350 판결.

28) 대법원 1997. 6. 27. 선고, 95다47350 판결.

당첨된 지 9일 만에 입주권을 매도한 경우 이는 주택공급질서교란행위에 해당되지 않는다.[29)]

주택공급질서교란행위를 범죄로 다스리고 있는 취지를 감안할 때 "주택을 공급받거나 받게 한 자"는 반드시 「주택법」에 규정한 주택의 인도를 받아서 입주하거나 하게 한 것을 말하는 것이 아니고, 주택에 입주할 수 있는 권리 상태가 확정된 것을 말한다.[30)] 직장주택조합을 설립한 회사의 사원인 것처럼 가장해서 주택조합에 가입한 경우에는 입주대상자로 정해진 사업계획이 승인된 때에 주택에 입주할 수 있는 권리상태가 확정된다.[31)]

여기의 "사위 기타 부정한 방법"이 무엇을 의미하는지에 대해 한정적으로 열거하고 있지 아니했다고 해서 위 규정이 죄형법정주의에 위반된다고 볼 수 없다.[32)]

2. 주택공급질서교란행위에 대한 조치

주택공급질서교란행위를 하면 형사처벌을 받게 되지만, 그렇다고 해서 기존의 주택공급을 신청할 수 있는 지위나 이미 체결한 계약이 무효가 되는 것은 아니다. 그래서 단순히 주택공급신청을 한 단계이거나 주택공급계약을 체결한 단계인 경우에는 건설교통부장관 또는 사업주체로 하여금 주택공급을 신청할 수 있는 지위를 무효로 하거나 이미 체결된 주택의 공급계약을 취소할 수 있도록 하고 있다(법 §39②).

---

29) 대법원 1993. 2. 26. 선고, 92도3184 판결.

30) 대법원 1980. 4. 22. 선고, 80도512 판결; 대법원 1993. 1. 26. 선고, 92도2991 판결; 대법원 1993. 5. 14. 선고, 92도2939 판결.

31) 대법원 1993. 1. 26. 선고, 92도2991 판결; 대법원 1993. 5. 14. 선고, 92도2939 판결.

32) 대법원 1994. 1. 14. 선고, 93도2579 판결.

그리고 이미 주택을 공급한 경우에는 사업주체가 주택공급질서 교란행위를 한 자에게 주택가격에 상당하는 금액을 지급한 때에는 그 지급일에 사업주체가 그 주택을 취득한 것으로 본다(법 §39 ③).

제9절 공급계약

1. 계약내용

가. 주택공급계약의 내용

사업주체는 전산검색 및 세대주 등의 확인결과에 따른 정당한 당첨자와 공급계약을 체결해야 한다(주택공급규칙 §27①).

주택공급계약서에는 입주예정일, 시공보증 또는 분양보증의 내용, 호당 또는 세대당 주택공급면적 및 대지면적, 입주금과 그 납부시기, 연체료의 산정 및 납부방법, 지체상금의 산정 및 지급방법, 하자담보책임 등이 포함돼야 한다(주택공급규칙 §27⑤).

나. 공급면적의 부족

아파트분양계약은 수량을 지정한 매매에 해당한다.[33] 따라서 아파트 분양시 공유대지면적을 지정했음에도 불구하고 공유대지면적을 부족하게 이전해 준 경우 「민법」 제574조[34]에 의한 대금

33) 대법원 2002. 11. 8. 선고, 99다58136 판결.

34) 민법

제572조(권리의 일부가 타인에게 속한 경우와 매도인의 담보책임) ① 매매의 목적이 된 권리의 일부가 타인에게 속함으로 인해서 매도인이 그 권리를 취득해서 매수인에게 이전할 수 없는 때에는 매수인은 그 부분의 비율로 대금의 감액을 청구할 수 있다.

② 전항의 경우에 잔존한 부분만이면 매수인이 이를 매수하지 아니하

감액청구권이 인정된다.[35] 그러나 이전등기된 공유대지지분이 부족하게 된 원인이 분양계약 당시 분양계약자들과 주택건설사업자가 공유지분 산정의 기초가 되는 아파트 대지를 실제와 다르게 잘못 알고 있었기 때문이 아니라, 주택건설사업자가 분양계약 당시 공유지분 산정의 기초가 된 아파트 대지 중 일부를 분양계약 후에 비로소 공용시설용 대지에 편입해서 시에 기부체납했기 때문이라면, 주택건설사업자에 대해 「민법」 제574조에 의한 담보책임을 물을 수는 없다.[36]

주택건설사업자가 분양계약 당시 공유지분 산정의 기초가 된 아파트 대지의 일부를 분양계약 후에 시에 기부채납함으로써 분양계약자들 또는 공유대지분등기 경료 전에 분양계약자로부터 분양계약상의 지위를 양도받은 자들에게 분양공고 및 분양계약 당시보다 면적이 감소한 평형별 공유대지면적을 공급한 경우, 아파트 분양계약에 따른 공유대지지분 이전의무는 감소된 지분 범위 안에서 이행불능이 된 것으로 보아야 하므로, 분양계약자들 또는 공유대지지분등기 경료 전에 분양계약자로부터 분양계약상의 지위를 양도받은 자들의 해제 의사표시로써 감소된 공유지분 범위 안에서 분양계약의 일부해제가 가능하고, 그와 같은 경우

였을 때에는 선의의 매수인은 계약전부를 해제할 수 있다.

③ 선의의 매수인은 감액청구 또는 계약해제 외에 손해배상을 청구할 수 있다.

제573조(전조의 권리행사의 기간) 전조의 권리는 매수인이 선의인 경우에는 사실을 안 날로부터, 악의인 경우에는 계약한 날로부터 1년 내에 행사해야 한다.

제574조(수량부족, 일부멸실의 경우와 매도인의 담보책임) 전2조의 규정은 수량을 지정한 매매의 목적물이 부족되는 경우와 매매목적물의 일부가 계약당시에 이미 멸실된 경우에 매수인이 그 부족 또는 멸실을 알지 못한 때에 준용한다.

35) 대법원 2002. 11. 8. 선고, 99다58136 판결.

36) 대법원 1996. 12. 10. 선고, 94다56098 판결.

주택건설사업자는 원상회복으로써 그들에게 감소된 공유지분에 상당하는 대금을 반환할 의무가 있다.[37)]

아파트 분양계약 체결 당시에 작성된 계약서상에 "공유대지에 대한 공부 정리 결과 공유대지의 증가나 감소가 있을 경우 그에 상당한 금액을 서로 청구하지 않기로 한다"는 면책조항이 있는 경우, 그 조항의 "공유대지에 대한 공부 정리 결과 공유대지의 증가나 감소가 있을 경우"라 함은 바로 분양계약 당시 계획된 아파트 단지의 대지에 대해 「지적법」에 의한 순수한 지적공부 정리 결과 객관적으로 불가피하게 발생하는 증감만을 뜻하는 것으로 보아야 한다. 공유대지의 감소가 주택건설사업자가 분양계약 당시 공유지분 산정의 기초가 된 아파트 대지 중 일부를 분양계약 후 다른 용도로 사용함으로써 생겨난 것이라면 이 면책조항에 의해 면책될 수 없다.[38)]

다. 경업금지

주택조합이 상가 일부 층을 분양받은 자들과 장차 나머지 층을 분양할 때에는 기존 업종과 중복되지 않는 업종을 지정해서 기존의 영업권을 보호하겠다고 약정한 경우, 이는 주택조합이 나머지 상가에 대한 분양계약을 체결할 때에 단순히 기존 업종과 다른 영업을 할 것을 구두로 고지하는 정도에 그쳐서는 안 되며, 나아가 경업금지를 분양계약의 내용으로 해서 이를 위반하는 분양계약을 해제하는 등의 조치를 취함으로써 그 기존 점포의 상인들의 영업권이 실질적으로 보호되도록 최선을 다해야 할 의무를 부담한다.[39)]

---

37) 대법원 1996. 12. 10. 선고, 94다56098 판결.

38) 대법원 1996. 12. 10. 선고, 94다56098 판결.

39) 대법원 1995. 9. 5. 선고, 94다30867 판결.

라. 분양사무를 위임받은 자의 불법행위

임의대리인은 본인의 승낙이 있거나 부득이한 사유가 있지 않으면 복대리인을 선임할 수 없다. 아파트 분양업무는 그 성질상 분양 위임을 받은 수임인의 능력에 따라 그 분양사업의 성공 여부가 결정되는 사무로서 본인의 명시적인 승낙 없이는 복대리인의 선임이 허용되지 않는 경우로 보아야 한다.[40] 아파트 분양위임계약에 의해 분양자로부터 부여받은 대리권의 범위가 아파트의 분양을 위한 광고 등 홍보업무와 아파트를 분양받으려는 수분양자와 사이에 분양자 명의로 분양계약을 체결하고 그 계약서를 작성하며, 수분양자로부터 받은 계약금·중도금·잔금 등을 분양자의 은행계좌에 입금하고, 그 영수증을 분양자에 팩스로 부쳐주며, 분양 현황을 매일 보고하는 것 등으로 한정되어 있음에도, 수임인이 제3자와 통모해서 그에게 아파트 63세대를 외상으로 분양하면서 그 분양대금이 완납된 것처럼 분양계약서·영수증 등을 교부해 준 경우, 이러한 수임인의 행위는 분양자의 위임 취지에 반하는 배임행위에 해당하고, 제3자는 그에 적극 가담한 공범임이 명백해서, 그 두 사람 사이의 아파트 외상분양은 사회질서에 반하는 법률행위로서 무효이다.[41]

2. 입주금의 납부와 연체료

입주예정자가 사업주체에게 납입하는 입주금은 청약금·계약금·중도금 및 잔금으로 구분한다(주택공급규칙 §26①③).

청약금·계약금 및 중도금의 금액은 다음과 같다. 다만, 국민주택기금이나 금융기관으로부터 주택건설자금의 융자를 받아 분양주택의 입주자에게 제공하는 경우에는 계약금 및 중도금의 합계

40) 대법원 1999. 9. 3. 선고, 97다56099 판결.

41) 대법원 1999. 9. 3. 선고, 97다56099 판결.

액은 세대별 분양가에서 세대별 융자지원액을 뺀 금액을 초과할 수 없다(주택공급규칙 §26②③).

1) 청약금: 분양주택은 주택가격의 10% 이내, 임대주택은 임대보증금의 10% 이내
2) 계약금: 분양주택은 청약금을 포함해서 주택가격의 20% 이내, 임대주택은 청약금을 포함해서 임대보증금의 20% 이내
3) 중도금: 분양주택은 주택가격의 60% 이내, 임대주택은 40% 이내

공급계약을 체결할 때에 사업주체와 공급계약을 체결한 자가 중도금과 잔금을 기한 내에 납부하지 않는 경우에는 연체료를 납부할 것을 정할 수 있다. 이 경우 연체료는 계약시 정한 금융기관에서 적용하는 연체금리의 범위 안에서 정한 연체료율에 따라 산출하는 연체료 이내여야 한다(주택공급규칙 §27③).

청약금은 입주자 모집시에, 계약금은 계약체결시에, 중도금은 다음에 해당하는 때에, 잔금은 사용검사일 이후에 받을 수 있다(주택공급규칙 §26④).

1) 아파트: 전체 공사비의 50% 이상이 투입된 때. 다만, 동별 건축공정이 30% 이상이어야 한다.
2) 연립주택 및 단독주택: 지붕의 구조가 완성된 때

입주자저축에 가입한 자가 주택공급을 신청하는 경우에는 청약금을 따로 받을 수 없다(주택공급규칙 §26⑤).

3. 지체상금

사업주체가 입주자모집공고일에서 정한 입주예정일 안에 입주시키지 못하는 경우에는 실입주개시일 이전에 납부한 입주금에 대해 입주시 입주자에게 중도금과 잔금의 지연납부에 따른 연체

료율을 적용한 금액을 지체상금으로 지급하거나 주택잔금에서 해당 액을 공제해야 한다(주택공급규칙 §27④).

연체료율은 금융기관의 연체금리의 범위 안에서 정해야 하고 지체상금은 이 연체요율을 적용해서 정해야 함에도 불구하고 이를 위반해서 금융기관의 연체금리를 초과하는 연체요율에 의한 지체상금을 지급하기로 약정한 경우 이 약정의 사법적 효력까지 부인되는 것은 아니므로 이 약정은 유효하다[42].

지체상금은 입주자들이 입주예정일 이전까지 납부한 중도금 합계액에 대해서만 그 입주예정일 다음 날부터 실제 입주 첫날까지의 지체일수에 해당하는 비율에 의한 금액을 지급할 의무가 있다.[43]

쌍무계약인 아파트 분양계약에 있어서, 분양받은 자가 먼저 이행해야 할 중도금지급의무를 이행하지 않은 상태에서 입주예정일이 도래했다면, 특별한 사정이 없는 한 분양받은 자의 남은 중도금 전부의 지급의무와 사업주체의 입주를 가능하게 할 의무는 동시이행관계에 있게 되어 분양받은 자가 중도금을 전부 지급할 때까지는 사업주체는 지체책임을 지지 않는다.[44] 그러나 분양을 받은 자가 남은 중도금을 전부 지급하면 사업주체는 그때부터 지체책임을 져야 하며, 아파트공급계약서상 사업주체가 입주예정일을 넘길 경우 이미 납부한 중도금에 대해 지체상금을 지급한다는 조항이 있는 경우, 특별한 사정이 없는 한 "이미 납부한 중도금"을 입주예정일 이전에 납부한 중도금만을 의미하는 것으로 볼 수 없다.[45]

주택건설업자가 아파트분양계약에 정해진 중도금 납부기일을 연기해 주어 분양받은 자들이 연기된 기일에 중도금을 납부한 경우, 중도금 납부기일의 연기가 주택건설업자의 귀책에 의한 입주

42) 대법원 1997. 3. 28. 선고, 96다34610 판결.
43) 대법원 1996. 1. 26. 선고, 94다55330 판결.
44) 대법원 1999. 2. 23. 선고, 97다53588 판결.
45) 대법원 1999. 2. 23. 선고, 97다53588 판결.

지연으로 말미암은 것이라고 하더라도 분양받은 자들로서는 연기된 기간만큼 중도금에 대한 이자상당액의 이득은 보게 되는 것이므로 입주지연 지체상금의 산정에 있어 이를 고려하는 것이 형평에 맞다. 분양받은 자들이 이미 납부한 중도금에 대해 분양받은 자들의 중도금 납부지체의 경우에 적용되는 연체요율을 입주지연 기간에 적용하는 방식으로 입주지연 지체상금을 산정하는 경우에는 그 고려의 한 방법으로 중도금 연기일수를 입주지연일수에서 공제하는 방식도 수긍할 수 있다.[46)]

주택건설업자의 아파트분양계약은 그의 영업을 위해서 하는 상행위라 할 것이고, 당사자 쌍방에 대해 모두 상행위가 되는 행위로 인한 채권뿐만 아니라 당사자 일방에 대해서만 상행위가 되는 행위로 인한 채권도 상사법정이율이 적용되는 상사채권에 해당한다. 주택건설업자의 아파트 입주 지연에 따른 지체상금은 상행위인 분양계약의 불이행으로 인한 손해배상채권으로서 그 지연손해금에 대해서도 연 6%의 상사법정이율을 적용해야 한다.[47)]

아파트 준공 이행보증은 준공에 대한 연대보증으로서 사업주체의 입주자들에 대한 지체상금 채무에 대한 담보는 여기에 포함되지 않는다.[48)]

제10절 주택의 전매제한

1. 주택의 전매제한

주택에 대한 투기를 억제하고 무주택자에 대한 주택공급을 원

46) 대법원 2000. 10. 27. 선고, 99다10189 판결.

47) 대법원 2000. 10. 27. 선고, 99다10189 판결.

48) 대법원 1996. 1. 26. 선고, 94다55330 판결.

할히 하기 위해 주택의 전매를 제한하고 있다. 주택의 전매제한 제도는 1981년 국민주택을 대상으로 도입되어, 1992년 그 대상이 모든 주택으로 확대되었다가, 1997년 규제완화의 일환으로 폐지 되었는데, 주택투기가 극심해지자 2005년 다시 도입되었다.

사업주체가 건설·공급하는 주택의 입주자로 선정된 지위 또는 주택으로서 다음에 해당하는 경우에는 전매제한기간이 경과하기 전에는 이를 전매(매매·증여 그 밖의 권리의 변동을 수반하는 일체의 행위를 포함하되, 상속의 경우는 제외)하거나 이의 전매를 알선할 수 없다. 전매제한을 위반해서 입주자로 선정된 지위 또는 주택을 전매하거나 이의 전매를 알선한 자는 3년 이하의 징역 또는 3,000만원 이하의 벌금에 처해진다(법 §41의2①, §96).

1) 투기과열지구에서 건설·공급되는 주택의 입주자로 선정된 지위
2) 분양가상한제 적용주택 및 그 주택의 입주자로 선정된 지위
3) 주택공영개발지구에서 분양가격의 제한을 받지 않고 공공기관(국가, 지방자치단체, 대한주택공사, 지방공사)이 건설·공급하는 공동주택 및 그 주택의 입주자로 선정된 지위

여기의 "입주자로 선정된 지위"는 입주자로 선정되어 그 주택에 입주할 수 있는 권리·자격·지위 등을 말한다(법 §41의2①).

2. 전매제한기간

전매제한기간은 입주자모집을 해서 최초로 주택공급계약체결이 가능한 날부터 10년 이내의 범위 안에서 대통령령으로 정하는데, 주택의 수급상황 및 투기우려 등을 감안해서 지역별로 전매제한기간을 달리 정할 수 있다(법 §41의2①).

현재 전매제한기간은 분양가상한제 적용주택과 그 주택의 입주자로 선정된 지위에 대해서만 정해져 있는데, 이 전매제한기간은

다음과 같다(영 §45의2①).

1) 수도권
- 공공택지 안에서 공급되는 주택
  - 주거전용면적 85㎡ 이하: 최초로 주택공급계약 체결이 가능한 날부터 10년
  - 주거전용면적 85㎡ 초과: 최초로 주택공급계약 체결이 가능한 날부터 7년
- 공공택지 외의 택지에서 공급되는 주택
  - 주거전용면적 85㎡ 이하: 최초로 주택공급계약 체결이 가능한 날부터 7년
  - 주거전용면적 85㎡ 초과: 최초로 주택공급계약 체결이 가능한 날부터 5년

2) 수도권 외의 지역
- 공공택지 안에서 공급되는 주택
  - 주거전용면적 85㎡ 이하: 최초로 주택공급계약 체결이 가능한 날부터 5년
  - 주거전용면적 85㎡ 초과: 최초로 주택공급계약 체결이 가능한 날부터 3년
- 공공택지 외의 택지에서 공급되는 투기과열지구 내 주택
  - 충청권(대전광역시·충청남도 및 충청북도)의 경우: 최초로 주택공급계약 체결이 가능한 날부터 3년
  - 그 외 지역의 경우: 최초로 주택공급계약 체결이 가능한 날부터 1년
- 공공택지 외의 택지에서 공급되는 투기과열지구 외 주택: 최초로 주택공급계약 체결이 가능한 날부터 6개월

전매제한기간은 주택의 최초공급일부터 기산되므로 그 전에 주택을 공급받을 수 있는 자격(입주권)을 전매한 경우에는 전매제한 위반에 해당되지 않는다.[49]

3. 전매제한의 부기등기

사업주체가 전매제한대상이 되는 주택을 공급하는 경우에는 그 주택의 소유권을 제3자에게 이전할 수 없음을 소유권에 관한 등기에 부기등기해야 한다(법 §41의2④).

전매제한에 관한 부기등기는 주택의 소유권보존등기와 동시에 해야 하며, 부기등기에는 그 주택은 최초로 소유권이전등기가 된 후에는 전매제한기간이 경과하기 전에는 소유권을 이전하는 일체의 행위를 할 수 없음을 명시해야 한다(법 §41의2⑤).

4. 전매제한의 예외

근무 또는 생업상의 사정이나 질병치료・취학・결혼으로 인해 세대원 전원이 다른 광역시・시 또는 군으로 이전하는 경우, 상속에 의해 취득한 주택으로 세대원 전원이 이전하는 경우, 세대원 전원이 해외로 이주하는 경우, 세대원 전원이 2년 이상 해외에 체류하는 경우 등 전매가 불가피하다고 인정되는 경우로서 사업주체의 동의를 받은 경우에는 전매제한의 예외가 인정된다(법 §41의2②, 영 §45의2④).

분양가상한제 적용주택 또는 주택공영개발지구에서 공급된 주택의 전매가 불가피한 경우 대한주택공사(사업주체가 지방공사인 경우에는 지방공사)가 그 주택을 우선매입할 수 있다. 대한주택공사 또는 지방공사가 분양가상한제 적용주택을 매입하는 경우 매입비용을 그 매수인에게 지급한 때에는 지급일에 사업주체가 그 입주자로 선정된 지위를 취득한 것으로 본다(법 §41의2②③).

---

49) 대법원 1991. 4. 23. 선고, 90도1287 판결.

5. 전매제한위반의 효과

「주택법」에서는 전매제한규정을 두고 있을 뿐 이 규정을 위반한 전매의 효력에 관해서는 규정하고 있지 않고, 전매제한을 위반한 매매가 있는 경우 그 매수인에게 사업주체가 일정한 금액을 지급한 때에는 그 지급한 날에 국민주택사업주체가 그 국민주택을 취득한 것으로 본다고 규정하고 있는 점 등에 비추어 볼 때 전매제한규정은 단속규정에 불과하고 효력규정은 아니라 할 것이며, 전매제한을 위반한 매매계약은 무효가 아니다.[50] 즉 전매제한은 매수인이 분양자에게 그 전매사실로써 대항할 수 없다는 것이지 전매당사자 사이의 전매계약의 사법상 효력까지 무효로 하는 것은 아니다.[51]

이는 전매제한에 관한 부기등기가 되어 있는 경우에도 마찬가지라 할 것이다. 처분제한에 관한 부기등기가 되어 있는 주택 또는 주택건설대지를 양수하거나, 제한물권을 설정받거나, 압류·가압류·가처분 등의 목적물로 한 경우 그 행위를 무효로 한다는 규정을 두고 있지만, 전매제한에 관한 부기등기가 되어 있는 주택을 전매한 경우 이 전매행위를 무효로 한다는 규정은 없다.

또한 사업주체에게 전매가 금지되는 시기까지 주택을 전매하지 않기로 약정하고 그 약정이 등기까지 되었는데 그 전매금지약정을 위반해서 매매계약을 체결했다고 하더라도, 사업주체에 대해 채무불이행의 책임을 지는 것은 별론으로 하고, 그 매매계약이 무효가 된다고 할 수 없다.[52]

---

50) 대법원 1992. 2. 25. 선고, 91다44544 판결.

51) 대법원 1991. 9. 10. 선고, 91다21992 판결; 대법원 1992. 7. 28. 선고, 92다11329 판결; 대법원 1993. 1. 26. 선고, 92다39112 판결; 대법원 1997. 6. 27. 선고, 95다47343 판결.

52) 대법원 1992. 2. 25. 선고, 91다44544 판결.

전매제한기간 내에는 사업주체에 대해 전매의 법률관계를 주장할 수 없으나, 전매제한기간이 경과한 후에는 사업주체가 분양계약상의 계약의 해제나 환수조치를 취하지 않는 한 사업주체에 대해 전매의 법률관계를 주장할 수 있다.[53)]

전매제한을 위반해서 입주자로 선정된 지위의 전매가 이루어진 경우에는 사업주체가 매입비용을 그 매수인에게 지급한 때에는 지급일에 사업주체가 그 입주자로 선정된 지위를 취득한 것으로 본다(법 §41의2③).

53) 대법원 1997. 6. 27. 선고, 95다47343 판결; 대법원 1997. 7. 8. 선고, 95다54884 판결.

제4장 공동주택의 관리

제1절 관리주체

1. 관리주체

관리주체는 공동주택을 관리하는 다음의 자를 말한다(법 §2).

1) 자치관리기구의 대표자인 공동주택관리사무소장
2) 관리업무를 인계하기 전의 사업주체
3) 주택관리업자
4) 「임대주택법」에 의한 임대사업자

주택의 공급과 관련되는 경우 입주자는 주택을 공급받는 자를 가리키는데, 공동주택의 관리와 관련해서는 주택의 소유자 또는 그 소유자를 대리하는 배우자 및 직계존·비속을 가리킨다(법 §2).

2. 주택관리업자

가. 주택관리업의 등록

의무관리대상인 공동주택의 관리를 업으로 하고자 하는 자는 시장·군수 또는 자치구청장에게 등록해야 한다. 주택관리업등록을 한 자를 "주택관리업자"라 한다(법 §53①).

나. 주택관리업자의 지위와 의무

주택관리업자의 지위에 관해서는 「주택법」에 규정이 있는 것을 제외하고는 「민법」 중 위임에 관한 규정을 준용한다(법 §53④).

주택관리업자는 다른 사람에게 자기의 성명 또는 상호를 사용해서 「주택법」에서 정한 업무를 수행하게 하거나 그 등록증을 대여하면 안 된다(법 §88).

다. 주택관리업의 등록말소 등

시장·군수 또는 자치구청장은 주택관리업자가 부정한 방법으로 등록하거나, 등록기준에 미달하거나, 입주자 및 사용자에게 재산상의 손해를 가하는 등의 사유가 있는 때에는 등록을 말소하거나 1년 이내의 기간을 정해 영업의 전부 또는 일부의 정지를 명할 수 있다(법 §54①, 영 §70①).

시장·군수 또는 자치구청장은 영업정지에 갈음해서 1,000만원 이하의 과징금을 부과할 수 있다. 이 경우 과징금은 영업정지기간 1일당 3만원으로 한다(법 §54②, 영 §70⑤).

주택관리업의 등록말소 및 영업처분에 관한 기준은 「주택법 시행령」에 규정되어 있다(법 §54④, 영 §70③, [별표 9]).

주택관리업등록을 말소하고자 하는 때에는 청문을 실시해야 한다(법 §93).

제2절 공동주택의 관리에 관한 일반적 사항

1. 주택법령에 의한 관리

공동주택의 관리주체는 주택법령이 정하는 바에 따라 공동주택과 그 부대시설 및 복리시설을 관리해야 한다(법 §42①).

「주택법」 및 동법 시행령의 공동주택의 관리에 관한 규정은 사업계획승인을 받아 건설한 공동주택과 그 부대시설 및 복리시설에 대해 적용된다. 다만, 도시환경정비사업으로 건설된 공동주택에는 「주택법」 및 동법 시행령의 공동주택의 관리에 관한 규정이 적용되지 않고, 임대를 목적으로 건설한 공동주택에 대해서는 다음의 규정에 한해 적용한다(영 §46①).

1) 「주택법 시행령」 제47조(행위허가 등의 기준)
2) 「주택법 시행령」 제55조(관리주체의 업무 등)
3) 「주택법 시행령」 제57조 제3항(관리주체의 동의를 받아야 하는 행위)
4) 「주택법 시행령」 제59조 내지 제62조(하자보수)
5) 「주택법 시행령」 제64조(시설물의 안전관리)
6) 「주택법 시행령」 제65조(안전점검)
7) 「주택법 시행령」 제72조(관리사무소장의 배치)
8) 「주택법 시행령」 제73조(주택관리사 자격증의 교부)

그리고 다음의 규정은 건축허가를 받아 분양을 목적으로 건설한 공동주택과 그 부대시설 및 복리시설에 대해서도 적용한다(영 §46②).

1) 「주택법 시행령」 제47조(행위허가 등의 기준. 리모델링주택조합의 리모델링 행위허가에 한함)
2) 「주택법 시행령」 제59조 내지 제62조(하자보수)

2. 공동주택의 관리와 관련된 부정한 이익의 금지

공동주택의 입주자 · 사용자 · 관리주체 · 입주자대표회의 또는 리모델링주택조합은 공동주택의 관리와 관련해서 부정하게 재물 또는 재산상의 이익을 취득하거나 공여하면 안 된다(법 §43⑨).

3. 공동주택 지하층의 유지·관리

공동주택의 지하층은 주민공동시설로 활용할 수 있다. 이 경우 관리주체는 공동주택의 지하층을 대피시설로 사용하는 데에 지장이 없도록 유지·관리해야 한다(영 §47⑤).

4. 관리비용의 지원

지방자치단체의 장은 그 지방자치단체의 조례가 정하는 바에 따라 관리주체가 수행하는 공동주택의 관리업무를 수행하기 위해 필요한 비용의 일부를 지원할 수 있다(법 §43⑧).

제3절 공동주택에 대한 행위제한

1. 행위제한의 대상

가. 허가를 받거나 신고를 하고 할 수 있는 행위

입주자·사용자 또는 관리주체가 다음의 행위를 하고자 하는 때에는 시장·군수 또는 자치구청장의 허가를 받거나 시장·군수 또는 자치구청장에게 신고해야 한다(법 §42②, 영 §47②, 칙 §20①).

1) 공동주택과 그 부대시설 및 복리시설을 사업계획에 따른 용도가 아닌 용도에 사용하는 행위
2) 공동주택과 그 부대시설 및 복리시설을 신축·증축·개축·재축·대수선 또는 리모델링하는 행위
3) 공동주택과 그 부대시설 및 복리시설을 파손 또는 훼손하거나 그 시설의 전부 또는 일부를 철거하는 행위. 다만, 다음의 경미한 행위는 제외한다.

- 창틀 · 문틀의 교체
- 세대 내 천장 · 벽 · 바닥의 마감재 교체
- 급 · 배수관 등 배관설비의 교체
- 난방방식의 변경(시설물의 파손 · 철거는 제외)

4) 공동주택과 그 부대시설 및 복리시설의 용도폐지
5) 공동주택과 그 부대시설 및 복리시설의 비내력벽의 철거

리모델링의 경우에는 주택재건축사업의 안전진단에 관한 규정을 준용해서 안전진단을 실시해야 하며, 안전진단의 결과 건축물의 구조의 안전에 위험이 있다고 평가되어 주택재건축사업의 시행이 필요하다고 결정된 공동주택의 경우에는 증축을 위한 리모델링을 허가할 수 없다(법 §42②).

"사업계획에 따른 용도"는 「주택건설기준 등에 관한 규정」에 의해 분류된 용도를 말한다.[1] 사업계획상의 유치원 부지 위에 용도를 노유자시설 및 근린생활시설(사무실)로 해서 허가를 받아 건축한 건축물 중 1층 사무실 부분을 허가 없이 약국 등과 같은 근린생활시설로 용도를 변경해서 사용하더라도 1층 부분이 위법한 건축물이라고 할 수 없다.[2] 사업계획에 의해 설치된 어린이놀이터는 그것이 적법하게 폐지되지 않는 한 그대로 어린이놀이터로 이용돼야 할 것이므로 준공 후 그 어린이놀이터 토지소유자가 바뀌었다거나 지목이 대지라고 해서 그 위에 다른 건물을 건축하거나 그 건축을 허가하는 것은 법령이 설치를 강제하고 있는 어린이놀이터를 함부로 폐지하는 결과를 가져오게 되어 위법하다.[3]

이러한 행위제한의 객체는 공동주택과 그 부대시설 및 복리시설에 한정되므로 그에 해당하지 않는 시설 등을 사업계획에 따른

1) 대법원 1993. 12. 21. 선고, 93누16239 판결.
2) 대법원 1993. 10. 12. 선고, 93누10798 판결.
3) 대법원 1989. 9. 26. 선고, 88누10602 판결.

용도가 아닌 용도에 사용하더라도 이를 처벌할 수는 없다. 원래의 용도가 상가의 사무실로서 규제대상이 아닌 건물부분에 대해 허가를 받지 않고 교회로 용도변경해서 사용했다면 이는 위반행위가 아니다.[4)]

사업계획승인을 받은 용도대로 건축된 건축물을 다른 용도로 자유롭게 변경하도록 허용한다면 「주택법」의 취지가 몰각될 것이므로 사업계획승인시 단독주택지로 용도가 지정된 건축물에 관해 다른 법률에 특별한 규정이 없는 한 단독주택 외의 용도로 변경하는 것은 허용되지 않는다.[5)]

나. 관리주체의 동의를 받아 할 수 있는 행위

입주자 및 사용자는 다음의 행위를 하고자 하는 때에는 관리주체의 동의를 받아야 한다(영 §57③).

1) 공동주택과 그 부대시설 및 복리시설 내부의 구조물과 설비를 증설 또는 제거하는 행위(허가 또는 신고대상인 경우는 제외)
2) 공용부분에 물건을 적재해서 통행·피난 및 소방을 방해하는 행위
3) 공동주택에 광고물·표지물 또는 표지를 부착하는 행위
4) 가축(장애인 보조견은 제외)을 사육하거나 방송시설 등을 사용함으로써 공동주거생활에 피해를 미치는 행위
5) 공동주택과 그 부대시설 및 복리시설의 발코니 난간 또는 외벽에 돌출물을 설치하는 행위
6) 전기실·기계실·정화조시설 등에 출입하는 행위

---

4) 대법원 1991. 4. 23. 선고, 91도59 판결.
5) 대법원 2002. 3. 29. 선고, 2000두1393 판결.

2. 행위허가 또는 신고의 기준

입주자 공유시설인 복리시설을 당초 사업계획에 따른 용도 이외의 용도에 사용하기 위해 허가를 받거나 신고해야 하는 용도변경에는 동일한 주민운동시설의 범위에 속하는 특정운동시설을 다른 종목의 운동시설로 바꾸는 것과 같은 사항은 이에 해당하지 않는다.[6]

신고대상인 행위를 하고자 하는 경우에는 적법한 요건을 갖춘 신고를 하면 그와 같은 행위를 할 수 있고 행정청의 수리처분 등 별단의 조치를 기다릴 필요가 없다. 행정청으로서는 신고가 관계법령에 신고만으로 건축할 수 있는 경우에 해당하는지 여부와 구비서류 등이 갖추어져 있는지 여부 등을 심사해서 그것이 법규정에 부합하는 이상 수리해야 하고, 관계법령에 정하지 않은 사유를 심사해서 신고수리를 거부할 수는 없다.[7]

3. 리모델링허가

동별 또는 주택단지별로 설립된 리모델링주택조합과 소유자 전원의 동의를 받은 입주자대표회의는 시장·군수 또는 자치구청장의 허가를 받아 공동주택과 그 부대시설 및 복리시설을 리모델링할 수 있다(법 §42③, 영 §47④).

이 경우 리모델링주택조합은 리모델링 설계의 개요, 공사비 및 조합원의 비용분담내용이 기재된 결의서에 다음의 구분에 따른 구분소유자 등의 동의를 받아야 한다(영 §47④).

1) 주택단지 전체를 리모델링하는 경우: 주택단지 전체 구분소유자 및 의결권의 각 4/5 이상의 동의와 각 동별 구분소유

---

6) 대법원 2000. 12. 22. 선고, 99두455 판결.

7) 대법원 1999. 4. 27. 선고, 97누6780 판결.

자 및 의결권의 각 2/3 이상의 동의

2) 동을 리모델링하는 경우: 그 동의 구분소유자 및 의결권의 각 4/5 이상의 동의

4. 다른 법률에 의한 인·허가의 의제

공동주택과 그 부대시설 및 복리시설에 관한 행위 또는 리모델링에 관해 시장·군수 또는 자치구청장이 관계 행정기관의 장과 협의해서 허가하거나 신고받은 사항에 관해서는 사업계획고시에 의해 의제되는 인·허가가 있은 것으로 보며, 「건축법」에 의한 용도변경신고가 있은 것으로 본다(법 §42④).

5. 행위허가의 취소

시장·군수 또는 자치구청장은 공동주택과 그 부대시설 및 복리시설의 입주자·사용자·관리주체·입주자대표회의 또는 리모델링주택조합이 주택법령 및 이에 의한 처분을 위반한 경우에는 행위허가를 취소할 수 있다(법 §42⑥).

행위허가를 취소하고자 하는 때에는 청문을 실시해야 한다(법 §93).

6. 사용검사

공동주택과 그 부대시설 및 복리시설의 입주자·사용자·관리주체·입주자대표회의 또는 리모델링주택조합이 공동주택과 그 부대시설 및 복리시설에 관한 행위 또는 리모델링에 관해 허가를 받거나 신고한 후 그 공사를 완료한 경우에는 시장·군수 또는 자치구청장의 사용검사를 받아야 한다. 사용검사에 관해서는 주

택건설사업의 사용검사에 관한 규정을 준용한다(법 §42⑤).

제4절 공동주택의 관리방법

1. 의무관리대상 공동주택

입주자는 다음의 공동주택과 그 부대시설 및 복리시설(일반에게 분양되는 것은 제외)은 입주자가 자치관리하거나 주택관리업자에게 위탁관리해야 한다(법 §43②, 영 §48).

1) 300세대 이상인 공동주택
2) 승강기가 설치된 150세대 이상의 공동주택
3) 중앙집중식 난방방식(지역난방방식을 포함함)인 150세대 이상의 공동주택

2. 공동관리 또는 구분관리

입주자대표회의는 그 공동주택의 관리여건상 필요한 경우에는 인접한 공동주택단지와 공동으로 관리하거나, 500세대 이상의 단위로 구분해서 관리하게 할 수 있다(영 §52②).

공동주택을 공동관리하거나 구분관리하고자 하는 때에는 다음 사항을 입주자와 사용자에게 통지하고, 단지별로 입주자 및 사용자 과반수의 서면동의를 받아야 한다(영 §52②, 칙 §23①).

1) 공동관리 또는 구분관리의 필요성
2) 공동관리 또는 구분관리의 범위
3) 공동관리 또는 구분관리를 하는 경우 입주자 및 사용자가 부담해야 하는 비용변동의 추정치
4) 그 밖에 공동주택관리규약으로 정하는 사항

여기의 "단지별 입주자 및 사용자의 과반수"는 공동관리의 경우에는 주택단지별 입주자 및 사용자의 과반수로, 구분관리의 경우에는 구분관리 단위별 입주자 및 사용자의 과반수로 하되, 공동주택관리규약으로 달리 정한 경우에는 그에 의한다(칙 §23①).

공동관리를 할 수 있는 세대수와 단지수는 다음과 같다(영 §52②, 칙 §23②).

1) 세대수: 1,500세대 이하. 다만, 의무관리대상이 되는 공동주택단지와 인접한 300세대 미만의 공동주택단지를 공동으로 관리하는 경우는 제외한다.
2) 단지수: 3개 단지 이하. 의무관리대상이 되는 공동주택단지와 인접한 300세대 미만의 공동주택단지를 공동으로 관리하는 경우에는 2개 단지 이하여야 한다.

입주자대표회의는 공동주택을 공동관리하거나 구분관리할 것을 결정한 때에는 지체 없이 그 내용을 시장·군수 또는 자치구청장에게 통보해야 한다(칙 §23③).

3. 관리방법의 결정

공동주택의 관리방법이나 주택관리업자의 선정은 입주자대표회의나 입주자 및 사용자의 1/10 이상이 제안하고 입주자 및 사용자의 과반수가 서면동의하는 방법에 의해 결정한다(영 §52①).

관리방법이나 주택관리업자를 변경하는 경우에도 같은 절차를 거친다. 다만, 계약기간이 만료된 주택관리업자를 다시 그 공동주택의 관리주체로 선정하는 경우에는 공동주택관리규약에서 정한 절차에 따라 입주자 및 사용자로부터 의견을 청취하고 입주자대표회의의 구성원 2/3 이상의 찬성으로 결정할 수 있다(영 §52④).

4. 사업주체에 의한 관리

가. 사업주체에 의한 관리

의무관리대상 공동주택을 건설한 사업주체는 입주예정자의 과반수가 입주를 완료할 때까지 그 공동주택과 부대시설 및 복리시설을 직접 관리해야 한다. 이 경우 사업주체는 입주예정자와 관리계약을 체결해야 하며, 그 관리계약에 의해 그 공동주택의 공용부분의 관리 및 운영 등에 필요한 비용(관리비예치금)을 징수할 수 있다(법 §43①, 영 §49①).

사업주체는 입주예정자의 과반수가 입주를 완료한 때에는 입주자에게 그 사실을 통지하고 그 공동주택을 자치관리하거나 주택관리업자로 하여금 위탁관리할 것을 요구해야 한다(법 §43①).

나. 관리방법의 결정

입주자는 공동주택의 관리를 요구받은 날부터 3월 이내에 입주자대표회의를 구성하고, 공동주택의 관리방법(주택관리업자에 의한 관리방법을 선택한 경우에는 주택관리업자의 선정을 포함함)을 결정해야 한다(법 §43③).

입주자대표회의는 공동주택의 관리방법을 결정한 때에는 결정일부터 30일 이내에 이를 사업주체에게 통지하고, 관할 시장・군수 또는 자치구청장에게 신고해야 한다(법 §43③, 영 §52③).

사업주체는 입주자대표회의의 구성에 협력해야 하며, 입주자대표회의가 관리방법을 결정했음을 통지한 때에는 입주자대표회의에 관리비예치금을 인계해야 한다(영 §52⑤).

다. 사업주체에 의한 주택관리업자의 선정

사업주체는 입주자대표회의로부터 공동주택의 관리방법결정에 관한 통지가 없거나 자치관리기구가 구성되지 않은 때에는 주택관리업자를 선정하고 이를 입주자에게 통보해야 한다. 사업주체가 선정한 주택관리업자는 자치관리기구가 구성되거나 입주자 및 사용자가 주택관리업자를 선정할 때까지 그 공동주택을 관리한다(법 §43⑤, 영 §54②).

라. 관리업무의 인계

사업주체는 자치관리기구가 구성되거나 주택관리업자가 선정된 경우에는 그 관리주체에게 공동주택의 관리업무를 인계해야 한다(법 §43⑥).

관리주체가 변경된 경우에도 새로운 관리주체에게 공동주택의 관리업무를 인계해야 한다(법 §43⑥).

5. 자치관리

가. 자치관리기구의 구성

입주자대표회의가 사업주체의 요구에 따라 공동주택을 자치관리하고자 하는 때에는 사업주체가 공동주택의 관리를 요구한 날부터 6월 이내에 공동주택의 관리사무소장을 대표자로 선임하고 일정한 기술인력 및 장비를 갖춘 자치관리기구를 구성해야 한다(법 §43④).

입주자대표회의가 주택관리업자가 위탁관리하던 공동주택을 자치관리하고자 하는 경우에는 위탁관리의 종료일까지 공동주택의 관리사무소장을 대표자로 선임하고 자치관리기구를 구성해야 한다(법 §43④).

나. 자치관리기구의 운영

자치관리기구는 입주자대표회의의 감독을 받는다(영 §53②).

입주자대표회의는 자치관리기구의 관리사무소장을 그 구성원 과반수의 찬성으로 선임한다(영 §53③).

입주자대표회의는 선임된 관리사무소장이 해임, 그 밖의 사유로 결원이 된 때에는 그 사유가 발생한 날부터 30일 이내에 새로운 관리사무소장을 선임해야 한다(영 §53④).

입주자대표회의의 구성원은 자치관리기구의 직원을 겸할 수 없다(영 §53⑤).

제5절 입주자대표회의와 공동주택관리규약

1. 입주자대표회의

가. 입주자대표회의의 구성

입주자대표회의는 동별 세대수에 비례해서 선출된 동별 대표자로 구성한다(영 §50①).

동별 대표자는 동별 대표자 선출공고일 현재 그 공동주택단지에서 주민등록을 마친 후 6월 이상(최초의 입주자대표회의를 구성하기 위해 동별 대표자를 선출하는 경우는 제외) 거주하고 있는 입주자 중에서 선출해야 한다(영 §50③).

나. 입주자대표회의의 회의

입주자대표회의는 공동주택관리규약이 정하는 바에 따라 회장이 소집한다. 다만, 다음에 해당하는 때에는 회장은 해당 일부터 14일 이내에 입주자대표회의를 소집해야 한다(영 §51②).

1) 입주자대표회의 구성원 1/3 이상이 청구하는 때

2) 입주자 등의 1/10 이상이 요청하는 때

입주자대표회의는 그 구성원 과반수의 찬성으로 의결한다. 다만, 공동주택관리규약으로 정한 경우로서 해당 입주자대표회의 구성원의 2/3 이상이 선출된 때에는 그 선출된 구성원 과반수의 찬성으로 의결할 수 있다(영 §51①).

입주자대표회의는 그 회의를 개최한 때에는 회의록을 작성해서 관리주체에게 보관하게 하고, 관리주체는 공동주택의 입주자 또는 사용자가 이의 열람을 청구하거나 자기의 비용으로 복사를 요구하는 때에는 공동주택관리규약이 정하는 바에 따라 이에 응해야 한다(영 §51④).

다. 입주자대표회의의 지위

입주자대표회의는 단체로서의 조직을 갖추고 의사결정기관과 대표자가 있을 뿐만 아니라, 현실적으로도 자치관리기구를 지휘·감독하는 등 공동주택의 관리업무를 수행하고 있으므로 특별한 다른 사정이 없는 한 법인 아닌 사단에 해당된다.[8]

집합건물에 있어서 공용부분이나 구분소유자의 공유에 속하는 건물의 대지 또는 부속시설을 제3자가 불법으로 점유하는 경우에 그 제3자에 대해 방해배제와 부당이득의 반환 또는 손해배상을 청구하는 법률관계는 구분소유자에게 단체적으로 귀속되는 법률관계가 아니고 공용부분 등의 공유지분권에 기초한 것이어서 그와 같은 소송은 1차적으로 구분소유자가 각각 또는 전원의 이름으로 할 수 있다.[9] 나아가 집합건물에 관해 구분소유관계가 성립하면 동시에 법률상 당연하게 구분소유자의 전원으로 건물 및 그 대지와 부속시설의 관리에 관한 사항의 시행을 목적으로 하는 단체인 관리단이 구성되고, 관리단집회의 결의에서 관리인이 선임되면 관리인이 사업집행에 관련해서 관리단을 대표해서 그와 같은 재판상 또는 재판외의 행위를 할 수 있다.[10] 그러나 입주자대

8) 대법원 1991. 4. 23. 선고, 91다4478 판결; 대법원 2007. 6. 15. 선고 2007다6307 판결

9) 대법원 2003. 6. 24. 선고, 2003다17774 판결

표회의는 공동주택의 관리에 관한 사항을 결정해서 시행하는 등의 관리권한만을 가질 뿐이므로 구분소유자에게 고유하게 귀속하는 공용부분 등의 불법점유자에 대한 방해배제청구 등의 권리를 재판상 행사할 수 없다. 설사 공동주택관리규약에서 입주자대표회의가 공동주택의 구분소유자를 대리해서 공용부분 등의 구분소유권에 기초한 방해배제청구 등의 권리를 행사할 수 있다고 규정하고 있더라도 이러한 규약내용은 효력이 없다.[11)]

자치관리의 경우 입주자대표회의는 자치관리기구를 감독한다(영 §53②). 위탁관리의 경우에도 입주자대표회의는 관리주체로 하여금 관리업무를 적정하게 수행하도록 지도·감독할 의무가 있다. 입주자대표회의 및 관리주체가 종전에 아파트 전체에 일괄해서 체결했던 화재보험의 계약기간 만료 후 새로운 계약을 체결하지 않은 동안 화재가 발생함으로써 개별입주자가 보험혜택을 받지 못한 경우, 입주자대표회의는 적정한 보험회사를 선정해서 관리주체로 하여금 입주자를 위해 화재보험계약을 체결하도록 지도·감독할 의무를 소홀히 하고, 관리주체는 입주자대표회의로 하여금 화재보험기간이 만료되기 전에 보험회사를 선정하는 결의를 할 수 있도록 적절한 조치를 취할 의무를 소홀히 해서 각각 입주자에 대해 손해배상의무가 있다.[12)]

2. 공동주택관리규약

가. 공동주택관리규약의 준칙

특별시장·광역시장 또는 도지사는 공동주택의 입주자 및 사용자의 보호와 주거생활의 질서유지를 위해 공동주택의 관리 또는

10) 대법원 2003. 6. 24. 선고, 2003다17774 판결.
11) 대법원 2003. 6. 24. 선고, 2003다17774 판결.
12) 대법원 2002. 10. 25. 선고, 2000다18073 판결.

사용에 관한 준거가 되는 공동주택관리규약의 준칙을 정해야 한다(법 §44①).

공동주택관리규약의 준칙에는 공동주택의 입주자 및 사용자가 아닌 자의 기본적인 권리를 해하는 사항이 포함되면 안 된다(영 §57①).

나. 공동주택관리규약

공동주택의 입주자 및 사용자는 공동주택관리규약 준칙을 참조해서 공동주택관리규약을 정한다(법 §44②).

공동주택 분양 후 최초의 공동주택관리규약은 사업주체가 제안한 내용(공동주택관리규약 준칙에 따라 입주예정자와 관리계약을 체결하는 때에 제안한 내용을 말함)을 그 입주예정자의 과반수가 서면동의하는 방법으로 이를 결정한다. 이 경우 최초로 제정된 공동주택관리규약의 변경은 입주자대표회의 또는 입주자 및 사용자의 1/10 이상이 제안하고, 입주자 및 사용자의 과반수가 서면동의하는 방법에 의한다(영 §52①, §57②).

공동주택관리규약은 입주자의 지위를 승계한 자에 대해서도 그 효력이 있다(법 §44③).

관리주체는 공동주택관리규약을 보관해서 입주자 및 사용자가 열람을 청구하거나 자기의 비용으로 복사를 요구하는 때에는 이에 응해야 한다(영 §57④).

공동주택관리규약의 내용이 강행법규에 위반되거나 입주자 또는 사용자의 권리를 합리적인 범위를 벗어나 과도하게 침해하거나 제한함으로써 선량한 풍속 기타 사회질서에 위반된다고 볼 정도로 사회관념상 현저히 타당성을 잃었다고 여겨지는 등의 특별한 사정이 있는 경우를 제외하고는 이를 유효한 것으로 보아야 할 것이다.[13]

제6절 관리업무

1. 관리주체의 업무

관리주체는 다음의 업무를 행한다(영 §55①).

1) 공동주택의 공용부분의 유지·보수 및 안전관리
2) 공동주택단지 안의 경비·청소·소독 및 쓰레기수거
3) 관리비 및 사용료의 징수와 공과금 등의 납부대행
4) 장기수선충당금의 징수·적립 및 관리
5) 공동주택관리규약으로 정한 사항의 집행
6) 입주자대표회의에서 의결한 사항의 집행
7) 그 밖에 건설교통부령이 정하는 사항

다음의 경우에는 관리업무와 관련해서 관리주체에게 책임이 있는 것으로 인정되었다.

1) 입주자는 현금이나 귀금속 등 주요물품을 세대 안에 보관할 때에는 보관사실을 경비원에게 고지하고 확인을 시켜야 하며, 입주자가 고지의무를 이행하지 않은 경우 도난사고로 인한 손해에 대해 경비용역회사가 책임을 지지 않는다는 경비용역계약은 입주자에게 부당하게 불리한 계약이 아니므로 입주자가 해외여행을 떠난 사이에 절도범이 침입해서 귀금속류를 절취한 경우 경비용역회사는 손해배상책임을 지지 않는다.[14)]
2) 아파트관리회사가 안전관리계획에서 콘도라 운용에 따른 제반 업무를 전기주임이 책임지도록 규정하고 있는 경우 아파

13) 대법원 2004. 5. 13. 선고, 2004다2243 판결.
14) 서울고법 2006. 3. 10. 선고, 2005나60019 판결(확정).

트관리소장에게는 콘도라 운행 중 안전수칙 위반으로 발생한 사고에 대한 책임이 없다.[15]

3) 아파트 관리회사가 아파트를 관리함에 있어서 공동설비 부분에 대한 전기요금 산정방식이 변경되어 입주자가 다시 선택할 여지가 있음을 알게 되었으면, 비록 전기요금 산정방식의 선택에 관한 최종적인 결정은 입주자대표회의가 책임질 사항이라고 하더라도, 어떤 방식이 입주자들에게 유리한지 검토해서 그 내용을 입주자대표회의에 알려 주는 등 입주자대표회의로 하여금 공동설비 부분에 대한 전기요금 산정방식의 변경여부에 관해 합리적인 선택을 할 수 있도록 조치를 취할 의무가 있다.[16]

4) 주민이 아파트 주차장에 이중 주차되어 있는 차량을 밀어 통로를 확보하던 중 차량이 경사면을 따라 구르자 이를 정지시키려다 그 차량에 치어 사망한 경우, 아파트 관리회사는 입주자대표회의와의 관리계약에 의해 아파트 부대시설인 주차장에서의 차량주차와 관련한 안전관리업무도 위탁받았으므로 차량이 경사면을 따라 굴러 내려갈 위험이 있는 사고지점에 대해 주차를 제한하거나 차단막을 설치하는 등의 안전조치를 취하지 않고 방치함으로써 일어난 이 사건 사고에 대해 손해배상책임이 있다.[17]

2. 관리사무소

가. 관리사무소장

주택관리업자・입주자대표회의(자치관리의 경우에 한함) 또는 「임

15) 대법원 1994. 10. 28. 선고, 94다12746 판결.
16) 대법원 1997. 11. 28. 선고, 96다22365 판결.
17) 대법원 1998. 7. 10. 선고, 98다2617 판결.

대주택법」에 의한 임대사업자는 500세대 이상의 공동주택인 경우에는 주택관리사를, 그 밖의 공동주택의 경우에는 주택관리사 또는 주택관리사보를 관리사무소장으로 배치해야 한다(법 §55①, 영 §72).

관리사무소장은 선량한 관리자의 주의로 그 직무를 수행해야 한다(법 §55③).

주택관리사 및 주택관리사보는 관리사무소장의 업무를 집행함에 있어서 고의 또는 과실로 인해 입주자에게 재산상의 손해를 발생하게 한 때에는 그 손해를 배상할 책임이 있다. 이 손해배상책임을 보장하기 위해 주택관리사 및 주택관리사보는 보증보험 또는 주택관리사의 공제에 가입하거나 공탁을 해야 한다(법 §55의2①②).

나. 관리사무소의 직원

자치관리를 하는 경우 자치관리기구에서 근무하는 직원의 사용인은 입주자대표회의이다.

위탁관리를 하는 경우 관리사무소에서 근무하는 직원의 사용인은 주택관리업자이다. 만일 입주자대표회의가 관리사무소 직원들에 대해 임금지급의무가 있는 사용자로 인정되기 위해서는 관리사무소 직원들에 대한 주택관리업자(관리사무소장)의 인사권과 업무지휘명령권이 모두 배제되거나 형해화되어 그 직원들과 체결한 근로계약이 형식적인 것에 지나지 않는다고 할 수 있고, 입주자대표회의가 관리사무소 직원들의 업무내용을 정하고 그 업무수행과정에 대해 구체적·개별적인 지휘·감독을 행하고 있다고 볼 수 있어야 한다.[18]

18) 대법원 1999. 7. 12. 선고, 99마628 결정.

3. 장부의 작성

관리주체는 월별로 관리비·사용료 및 장기수선충당금의 징수·사용·보관 및 예치 등에 관한 장부를 작성해서 그 증빙자료와 함께 보관하고, 공동주택의 입주자 또는 사용자가 열람을 청구하거나 자기의 비용으로 복사를 요구하는 때에는 공동주택관리규약이 정하는 바에 따라 이에 응해야 한다(영 §55②).

4. 관리현황의 공개

관리주체는 다음 사항을 그 공동주택의 인터넷 홈페이지 또는 게시판에 게시하거나 입주자 및 사용자에게 개별 통지해야 한다. 다만, 입주자 및 사용자의 세대별 사용내역 등 사생활 침해의 우려가 있는 것은 공개하지 않는다(영 §56).

1) 입주자대표회의의 소집 및 그 회의에서 의결한 사항
2) 관리비·사용료 및 장기수선충당금의 부과내역
3) 공동주택관리규약·장기수선계획 및 안전관리계획의 현황
4) 입주자 및 사용자의 건의사항에 대한 조치결과 등 주요업무의 추진상황
5) 동별 대표자의 선출 및 입주자대표회의의 구성원에 관한 사항
6) 관리주체 및 관리기구의 조직에 관한 사항

5. 관리비 등의 징수와 전기료 등의 납부대행

가. 관 리 비

자치관리 또는 위탁관리 대상 공동주택의 입주자 및 사용자는 그 공동주택의 유지·관리를 위해 필요한 관리비를 관리주체에게 납부해야 한다(법 §45①).

관리비는 다음 비목의 월별 금액의 합계액으로 한다(영 §58①).

1) 일반관리비
2) 청소비
3) 경비비
4) 소독비
5) 승강기유지비
6) 난방비
7) 급탕비
8) 수선유지비

관리주체는 다음의 비용에 대해서는 이를 관리비와 구분해서 징수해야 한다(영 §58②).

1) 장기수선충당금
2) 안전점검의 대가
3) 안전점검비용

입주자대표회의가 일반인에게 분양된 상가의 소유자와 상가를 관리하고 관리비를 징수하기로 한다는 내용의 별도의 약정을 하지 않은 이상 상가의 소유자에게 관리비를 부과할 수 없다.[19)]

나. 사 용 료

관리주체는 인양기 등 공용시설물의 사용료를 그 시설의 사용자에게 따로 부과할 수 있다(영 §58④).

다. 전기료 등의 납부대행

관리주체는 입주자 또는 사용자가 납부하는 전기료·수도료·가스사용료 등을 입주자 또는 사용자를 대행해서 전기료 등을 받

---

19) 대법원 1998. 4. 14. 선고, 97다50114 판결.

을 자에게 납부할 수 있다(영 §58③).

라. 관리비 및 사용료내역의 고지

관리주체는 관리비·사용료 및 장기수선충당금을 통합해서 부과하는 때에는 그 수입 및 집행내역을 쉽게 알 수 있도록 정리해서 입주자 및 사용자에게 알려주어야 한다(영 §58⑥).

관리주체는 보수를 요하는 시설이 2세대 이상의 공동사용에 제공되는 것인 경우에는 이를 직접 보수하고, 그 입주자 또는 사용자에게 그 비용을 따로 부과할 수 있다(영 §58⑤).

관리주체는 관리비·사용료 및 장기수선충당금을 입주자대표회의의 회장과 관리사무소장의 공동명의로 입주자대표회의가 지정하는 금융기관에 예치해서 관리할 수 있다(영 §58⑦).

6. 안전관리계획의 수립

관리주체는 공동주택의 시설물로 인한 안전사고를 예방하기 위해 안전관리계획을 수립하고, 시설물별로 안전관리자 및 안전관리책임자를 선정해서 이를 시행해야 한다(법 §49①, 영 §64①).

관리주체는 공동주택의 기능 및 안전을 유지하기 위해 반기마다 안전점검을 실시해야 한다(법 §50①, 영 §65①).

제7절 하자담보책임

1. 하자담보책임

가. 「민법」에 의한 담보책임

토지·건물 기타 공작물의 수급인은 목적물 또는 지반공사의 하자에 대해 인도 후 5년간(석조·석회조·연와조·금속 그 밖에 이와 유사한 재료로 조성된 것인 때에는 10년간) 담보의 책임이 있다(민법 §671①).

이 규정은 종전의 재래식 건축물을 전제로 해서 제정된 것이므로 현대의 건축물과는 제대로 부합되지 않는 점이 있다.

나. 「건설산업기본법」에 의한 건설업자의 하자담보책임

도급인이 「건설산업기본법」에 의한 건설업자인 경우에는 동법에 의한 하자담보책임을 진다. 동법에서는 벽돌쌓기식구조·철근콘크리트구조·철골구조·철골철근콘크리트구조 그 밖에 이와 유사한 구조인 경우에는 완공일부터 10년, 그 밖의 구조인 경우에는 완공일부터 5년의 범위 안에서 공사의 종류별로 하자담보책임기간을 정하고 있다(건설산업기본법 §28①, 영 §30, [별표 4]).

다만, 하자담보책임기간에 관해 다른 법령(「민법」 제670조 및 제671조는 제외)에 특별한 규정이 있거나 도급계약에서 따로 정한 경우에는 그 법령이나 도급계약이 정한 바에 따른다(건설산업기본법 §28③). 예컨대, 공동주택의 하자담보책임기간에 관해서는 「주택법」이 우선적으로 적용되며, 도급계약에서 하자담보책임기간을 따로 정한 때에는 그 기간에 의한다.

다. 「집합건물의 소유 및 관리에 관한 법률」에 의한 담보책임

「집합건물의 소유 및 관리에 관한 법률」에서는 집합건물의 건축자 내지 분양자로 하여금 견고한 건물을 짓도록 유도하고 부실하게 건축된 집합건물의 소유자를 두텁게 보호하기 위해 집합건물을 건축해서 분양하는 자의 담보책임에 관해 수급인의 담보책임에 관한 「민법」 제667조 내지 제671조의 규정을 준용하는 한편 이를 강행규정화하고 있다.[20] 즉 집합건물을 건축해서 분양한 자의 담보책임에 관해서는 「민법」 제667조 내지 제671조의 규정을 준용하며, 이 담보책임에 관해 「민법」에 규정하는 것보다 매수인을 불리하게 한 특약은 효력이 없다(집합건물의 소유 및 관리에 관한 법률 §9①②).

집합건물분양자는 집합건물 또는 지반공사의 하자에 대해 인도 후 5년간(석조·석회조·연와조·금속 그 밖에 이와 유사한 재료로 조성된 것인 때에는 10년간) 담보의 책임이 있다.

이 규정에 의한 하자담보추급권은 현재의 집합건물의 소유자에게 귀속한다.[21]

라. 「주택법」에 의한 하자담보책임

다음의 자는 공동주택의 건축물분양에 따른 담보책임에 관해 「민법」 제667조 내지 제671조를 준용하도록 한 「집합건물의 소유 및 관리에 관한 법률」 제9조의 규정에 불구하고 공동주택의 사용검사일(주택단지 안의 공동주택의 전부에 대해서 임시사용승인을 얻은 경우에는 그 임시사용승인일) 또는 「건축법」에 의한 공동주택의 사용승인일부터 공동주택의 내력구조부별 및 시설공사별 담보책임기간 안에 공사상 잘못으로 인한 균열·침하·파손 등의 하자가 발생한 때에는 입주자·입주자대표회의·관리주체 또는 「집합건물의 소유 및 관리에 관한 법률」에 의한 관리단의 청구에 따라 하자를 보수해야 한다(법 §46①, 영 §59②).

1) 사업주체
2) 건축허가를 받아 분양을 목적으로 하는 공동주택을 건축한 건축주
3) 공동주택을 신축·증축·개축·대수선 또는 리모델링한 시공자

---

20) 대법원 2004. 1. 27. 선고, 2001다24891 판결.
21) 대법원 2004. 1. 27. 선고, 2001다24891 판결.

이는 행정적인 차원에서 공동주택의 하자보수 절차·방법 및 기간 등을 정하고, 하자보수보증금으로 신속하게 하자를 보수할 수 있도록 하는 기준을 정한 것으로서, 주택법령에 규정된 기간 내에 발생한 하자에 대해 입주자뿐만 아니라 사업주체와 별다른 법률관계를 맺지 않은 공동주택의 관리주체나 입주자대표회의도 보수를 요구할 수 있도록 한 것이다.[22)]

사업주체는 담보책임기간 안에 공동주택의 내력구조부에 중대한 하자가 발생한 때에는 하자발생으로 인한 손해를 배상할 책임이 있다(법 §46③).

사업주체·설계자 또는 감리자는 담보책임기간 안에 발생한 하자의 책임범위에 대해 분쟁이 발생한 때에는 건축분쟁조정위원회에 조정을 신청할 수 있다(법 §46⑤).

잔금을 지급하지 않은 채 분양받은 아파트의 사용승인 전에 임의로 입주한 자가 주택법령의 규정에 따라 분양자에 대해 하자보수를 청구할 입주자의 지위에 있지 않다고 하더라도 주택법령의 하자보수에 관한 규정은 입주자를 보호하기 위해 입주자가 사업주체에 대해 하자보수를 청구하는 절차를 규정하는 것에 불과하고 「집합건물의 소유 및 관리에 관한 법률」에 따른 담보책임을 배제하는 취지로는 보이지 않으므로, 입주자는 수분양자의 지위에서 동법의 규정에 따라 분양자에 대해 하자의 보수에 갈음하는 손해배상을 청구할 수 있다.[23)]

하자담보책임기간은 공동주택의 내력구조부별 및 시설공사별로 10년의 범위 안에서 대통령령으로 정하는데, 하자보수책임을 부담하는 하자의 범위와 내력구조부별 및 시설공사별 하자담보책임기간은 다음과 같다(법 §46①, 영 §59①, [별표 6]).

22) 대법원 2004. 1. 27. 선고, 2001다24891 판결.

23) 대법원 2004. 12. 9. 선고, 2004다37461 판결.

1) 하자의 범위: 공사상의 잘못으로 인한 균열 · 처짐 · 비틀림 · 침하 · 파손 · 붕괴 · 누수 · 누출, 작동 또는 기능불량, 부착 · 접지 또는 결선 불량, 고사 및 입상불량 등이 발생해서 건축물 또는 시설물의 기능 · 미관 또는 안전상의 지장을 초래할 정도의 하자
2) 하자담보책임기간: 시설의 종류에 따라 1년 · 2년 · 3년 또는 4년

내력구조부에 대해서는 다음과 같이 하자보수책임을 부담하는 하자의 범위와 하자담보책임기간에 대한 특례가 인정된다(영 §59 ①, [별표 7]).

1) 하자의 범위: 내력구조부에 발생한 결함으로 인해서 공동주택이 무너진 경우와 안전진단 결과 공동주택이 무너질 우려가 있다고 판정된 경우
2) 하자담보책임기간
   - 기둥 · 내력벽(힘을 받지 않는 조적벽 등은 제외): 10년
   - 보 · 바닥 · 지붕: 5년

담보책임기간 안에 하자가 발생한 경우 사업주체 등은 하자를 보수해야 하므로 하자발생시기가 담보책임기간 안인 경우에는 담보책임기간이 경과된 후에도 하자보수를 요구할 수 있다.[24]

마. 「집합건물의 소유 및 관리에 관한 법률」과 「주택법」의 관계

1984. 4. 14. 제정된 「집합건물의 소유 및 관리에 관한 법률」 부칙 제6조에는 집합건물의 관리방법과 기준에 관한 「주택법」의 특별한 규정은 그것이 「집합건물의 소유 및 관리에 관한 법률」에 저촉되어 구분소유자의 기본적인 권리를 해하지 않는 한도에서만

24) 대법원 2006. 6. 16. 선고, 2005다25632 판결.

효력이 있되, 공동주택의 담보책임 및 하자보수에 관해서는 「주택법」 제46조가 정하는 바에 따른다고 규정하고 있다. 대법원은 이 규정에 의해서 「주택법」 등의 관련 규정은 「집합건물의 소유 및 관리에 관한 법률」 제9조에 의한 건축물분양자의 구분소유자에 대한 하자보수의무의 제척기간에는 영향을 미칠 수 없다고 판시하고 있다.[25]

이와 관련해서 「집합건물의 소유 및 관리에 관한 법률」 부칙 제6조가 개정되지 않으면 건설업자는 하자담보기간의 장기화로 인한 비용증가를 원가에 반영할 수밖에 없으므로 결과적으로 신규공동주택의 가격상승으로 이어진다는 비판이 있다.[26]

2. 하자보수보증금

하자보수의 책임이 있는 사업주체 등은 하자보수보증금을 예치해야 한다. 다만, 국가 · 지방자치단체 · 대한주택공사 및 지방공사는 하자보수보증금을 예치하지 않아도 된다(법 §46②, 영 §60①).

사업주체는 사용검사권자가 지정하는 금융기관에 사용검사권자의 명의로 하자보수보증금을 예치하고, 그 예치증서를 사용검사권자에게 제출해야 한다(영 §60①).

---

25) 대법원 2004. 1. 27. 선고, 2001다24891 판결

26) 이 대법원판례에 대해서는 ① 공동주택의 구성부분별 특성이 전혀 고려되지 않아 구체적 타당성이 결여되고, ② 건설관련법령에 규정된 하자담보책임기간을 고려하지 않고 분양받은 자의 보호만을 고집함으로써 형평을 갖추지 못하고 있으며, ③ 「민법」과 「집합건물의 소유 및 관리에 관한 법률」은 제정된 지 오래되어 건설시장 전반의 환경변화를 반영하지 못하고 있고, ④ 상가건물에도 동일한 논리가 적용될 수 있으며, ⑤ 신규분양을 받는 주택소비자의 부담이 가중될 수 있는 등의 문제가 발생한다는 주장이 있다(두성규, "아파트 하자담보책임기간 획일적 적용, 적정하지 않다", 건설저널 2004년 10월호, 대한건설협회, 13쪽).

사용검사권자는 입주자대표회의가 구성된 때에는 지체 없이 하자보수보증금의 예치명의를 입주자대표회의의 명의로 변경해야 하며, 입주자대표회의는 하자보수책임이 종료되는 때까지 하자보수보증금을 금융기관에 예치해서 보관해야 한다(영 §60②).

제8절 장기수선계획 및 장기수선충당금

1. 장기수선계획

다음의 공동주택을 건설·공급하는 사업주체와 리모델링하는 자는 그 공동주택의 공용부분에 대한 장기수선계획을 수립해서 사용검사를 신청하는 때에 사용검사권자에게 제출해야 한다. 사용검사권자는 이를 그 공동주택의 관리주체에게 인계해야 한다(법 §47①).

1) 300세대 이상인 공동주택
2) 승강기가 설치된 공동주택
3) 중앙집중식 난방방식인 공동주택

입주자대표회의 및 관리주체는 장기수선계획을 조정할 수 있으며, 수립 또는 조정된 장기수선계획에 의해 주요시설을 교체하거나 보수해야 한다(법 §47②).

2. 장기수선충당금

관리주체는 장기수선계획에 의해 공동주택의 주요시설의 교체 및 보수에 필요한 장기수선충당금을 주택의 소유자로부터 징수해서 적립해야 한다. 공동주택 중 분양되지 않은 세대의 장기수선충당금은 사업주체가 부담한다(법 §51①, 영 §66④).

장기수선충당금은 공동주택의 사용검사일부터 1년이 경과한 날이 속하는 달부터 매월 적립한다(영 §66③).

장기수선충당금의 요율은 그 공동주택의 공용부분의 내구연한을 감안해서 공동주택관리규약으로 정하고, 적립금액은 장기수선계획에서 정한다(영 §66①).

제5장 주택거래신고제

제1절 주택거래신고제의 도입

2003년에 주택투기가 극심해짐에 따라 주택거래신고제가 도입되었다. 토지거래계약허가제에서는 행정청의 허가를 받지 못하면 거래계약의 체결이 불가능하지만, 주택거래신고제에서는 거래계약의 체결은 제한받지 않고 단순히 거래내역을 신고하는 데에 그친다. 위반시의 제재도 토지거래계약허가제의 경우에는 형사처벌을 받지만, 주택거래신고제의 경우에는 과태료가 부과되는 데에 그친다.

주택투기를 잠재우기 위해 주택거래신고제를 도입한 취지는 충분히 이해하지만, 주택거래신고제는 현행 「주택법」의 체계와는 잘 어울리지 않는 점이 있다. 「주택법」은 쾌적한 주거생활에 필요한 주택의 건설·공급·관리와 이를 위한 자금의 조달·운용 등에 관한 사항을 규정하는 것을 목적으로 하고 있는데, 주택거래신고에 관한 규정은 주택의 건설·공급·관리에 속한다고는 보기 어려워 당초 「주택법」이 예상하였던 범위를 벗어난다 할 것이다.[1]

---

1) 현재 「국토의 계획 및 이용에 관한 법률」에 규정되어 있는 토지거래계약허가제의 경우에도 국토의 계획과 토지의 이용에 관한 사항을 정하고 있는 규정들과 체계적으로 어울리지 않는 문제점이 있다.

더구나 「공인중개사의 업무 및 부동산 거래신고에 관한 법률」에 의해 2006. 1. 30.부터는 부동산에 대한 매매계약을 체결한 거래당사자는 공동으로 60일 이내에 실제 거래가격을 시장·군수 또는 구청장에게 신고해야 하며, 중개업자가 매매를 중개한 경우에는 그 중개업자가 실제 거래가격을 신고하게 되었으므로[2](공인중개사의 업무 및 부동산 거래신고에 관한 법률 §27①②, §51), 이와 별도로 「주택법」에 의한 주택거래신고제를 유지해야 할 실익을 찾기 어렵다.

따라서 입법론적으로는 「주택법」의 주택거래신고에 관한 부분은 삭제하고 주택의 실제거래가격의 신고는 「공인중개사의 업무 및 부동산 거래신고에 관한 법률」에 의하는 것이 합리적이라 할 것이다.

제2절 주택거래신고구역

1. 지정지역

재정경제부장관은 그 지역의 부동산가격상승률이 전국소비자물가상승률보다 높은 지역으로서 전국부동산가격상승률 등을 감안해서 그 지역의 부동산가격이 급등하였거나 급등할 우려가 있는 경우에는 이를 지정지역으로 지정할 수 있다(소득세법 §104의2①).

양도세율은 15%의 범위 안에서 가감조정할 수 있는데, 부동산가격의 안정을 위해 필요한 때에는 그 대상을 지정지역 안의 부

2) 주택거래 신고대상인 경우에는 「공인중개사의 업무 및 부동산 거래신고에 관한 법률」에 의한 실제거래가격신고대상에서 제외된다. 실제거래가격을 신고하지 않으면 500만원의 과태료에 처해진다(공인중개사의 업무 및 부동산 거래신고에 관한 법률 §27⑥, §51).

동산으로 한정할 수 있다(소득세법 §104④).

2. 주택거래신고지역의 지정

가. 지정대상지역

건설교통부장관은 「소득세법」에 의한 지정지역 중 주택에 대한 투기가 성행하거나 성행할 우려가 있다고 판단되는 다음의 지역을 주택거래신고지역으로 지정할 수 있다(법 §80의2①, 영 §107의2①).

1) 지정하는 날이 속하는 달의 직전월의 아파트의 매매가격상승률이 1.5% 이상인 지역
2) 지정하는 날이 속하는 달의 직전월부터 소급해서 3월간의 아파트의 매매가격상승률이 3% 이상인 지역
3) 지정하는 날이 속하는 달의 직전월부터 소급해서 1년간의 아파트의 매매가격상승률이 전국의 아파트 매매가격상승률의 2배 이상인 지역
4) 관할 시장·군수 또는 자치구청장이 주택에 대한 투기가 성행할 우려가 있다고 판단해서 지정을 요청하는 지역

나. 지정절차

건설교통부장관은 주택거래신고지역을 지정하고자 하는 때에는 주택정책심의위원회의 심의를 거쳐야 하며, 주택거래신고지역을 지정한 때에는 이를 관보에 고시하고, 관할 시장·군수 또는 자치구청장에게 통보해야 한다(법 §80의2①, 영 §107의2③).

시장·군수 또는 자치구청장은 통보받은 내용을 지체 없이 관할 등기소장에게 통지하고, 일반인이 이를 15일 이상 열람할 수 있게 해야 한다(영 §107의2④).

다. 해　　제

건설교통부장관은 관할 지방자치단체의 장이 해제요청을 하거나 주택가격이 안정되는 등 지정사유가 해소된 것으로 인정되는 경우에는 주택정책심의회의 심의를 거쳐 주택거래신고지역의 지정을 해제할 수 있다(법 §80의2⑥, 영 §107의2⑤).

제3절 주택거래신고

1. 주택거래신고대상

주택거래신고지역 안에 있는 다음의 아파트에 관한 소유권을 이전하는 계약을 체결하는 당사자는 공동으로 주택거래가액 등을 계약체결일부터 15일 이내에 주택의 소재지를 관할하는 시장·군수 또는 자치구청장에게 신고해야 한다(법 §80의2①, 영 §107의2②).

1) 주거전용면적이 60㎡를 초과하는 아파트
2) 재건축사업 또는 주택재개발사업을 위한 정비구역 안에 있는 아파트

이 경우 주택거래계약은 대가가 있는 것에 한하며, 신규로 건설·공급하는 주택을 신규로 취득하는 경우를 제외한다(법 §80의2①).

주택거래신고지역으로 지정되기 전에 체결한 계약 중 「부동산등기특별조치법」에 의한 검인을 받지 않은 계약은 주택거래신고지역의 지정일부터 15일 이내에 신고해야 한다(법 §80의2②).

2. 주택거래신고절차

주택거래계약을 체결한 당사자는 공동으로 관할 시장·군수 또는 자치구청장에게 계약당사자, 계약일, 주택의 소재지, 주택의 종류와 규모, 거래가액, 자금조달계획 등을 신고해야 한다(법 §80의2①, 영 §107의3).

주택거래신고를 받은 시장·군수 또는 자치구청장은 신고내용을 확인한 후 신고필증을 신고인에게 즉시 교부해야 한다(법 §80의2③).

시장·군수 또는 자치구청장은 신고사항이 누락되어 있거나 정확하지 않다고 판단되는 경우에는 신고인에게 신고내용을 보완하게 하거나 신고사항의 사실 여부를 확인하기 위해 소속 공무원으로 하여금 신고인에게 계약서 등 관련자료의 제출을 요구하는 등 필요한 조치를 취할 수 있다(법 §80의3①).

3. 검인의 의제

신고인이 신고필증을 교부받은 때에는 「부동산등기특별조치법」에 의한 검인을 받은 것으로 본다(법 §80의2④).

4. 세무관서에의 통보

시장·군수 또는 자치구청장은 신고필증교부일부터 15일 이내에 그 주택의 소재지를 관할하는 세무관서의 장에게 신고사항을 통보해야 하며, 통보받은 세무관서의 장은 그 신고사항을 국세 또는 지방세 부과를 위한 과세자료로 활용할 수 있다(법 §80의3②).

【 著者略歷 】

서울대학교 법과대학 졸업
제23회 행정고등고시 합격
건설부 법무담당관실 행정사무관
국회 법제사법위원회 입법조사관
(파견)
법제처 건설교통부 담당 법제관
법제처 법제심의관
법제처 행정심판관리국장
한국공법학회 부회장
중앙지적위원회 위원
감정평가사시험 출제위원
공인중개사시험 출제위원
주택관리사보시험 출제위원
건축사시험 출제위원
현) 아주대학교 법과대학 교수

【 主要著書 】

부동산관계법규(공저, 1990년)
부동산공법(1997년)
도시계획법(2001년)
국토계획법(2003년)
건축법해설(2005년)

주 택 법

2007년 9월 10일 초판인쇄
2007년 9월 15일 초판발행

저 자 정 태 용
발행인 이 방 원
발행처 세창출판사
서울 서대문구 냉천동 182 냉천빌딩 4층
전화 723-8660 팩스 720-4579
E-mail: sc1992@empal.com
http://www.sechangpub.co.kr
신고번호 제 300-1990-63 호

정가 14,000원

ISBN 978-89-8411-222-3 93360